U0318402

智能控制
理论及实现方法研究

鲁艳旻　著

中国水利水电出版社
www.waterpub.com.cn
·北京·

内 容 提 要

本书面向智能控制技术发展前沿,基于近年来国内外智能控制技术的研究成果,从工程应用的角度出发,系统地论述了智能控制理论及实现的方法与技术。

本书重点阐述了基于模糊理论的智能控制、基于神经网络的智能控制、专家系统与仿人智能控制等内容。

本书结构合理,条理清晰,内容丰富新颖,可供从事智能控制研究与应用的科技工作者参考使用。

图书在版编目(CIP)数据

智能控制理论及实现方法研究/鲁艳旻著. —北京:
中国水利水电出版社,2019.1(2022.9重印)
 ISBN 978-7-5170-7473-1

Ⅰ. ①智… Ⅱ. ①鲁… Ⅲ. ①智能控制－方法研究
Ⅳ. ①TP273

中国版本图书馆 CIP 数据核字(2019)第 031141 号

书　　名	智能控制理论及实现方法研究 ZHINENG KONGZHI LILUN JI SHIXIAN FANGFA YANJIU
作　　者	鲁艳旻　著
出版发行	中国水利水电出版社
	(北京市海淀区玉渊潭南路 1 号 D 座 100038)
	网址:www.waterpub.com.cn
	E-mail:sales@waterpub.com.cn
	电话:(010)68367658(营销中心)
经　　售	北京科水图书销售中心(零售)
	电话:(010)88383994、63202643、68545874
	全国各地新华书店和相关出版物销售网点
排　　版	北京亚吉飞数码科技有限公司
印　　刷	天津光之彩印刷有限公司
规　　格	170mm×240mm　16 开本　13.5 印张　242 千字
版　　次	2019 年 4 月第 1 版　2022 年 9 月第 2 次印刷
印　　数	2001—3001 册
定　　价	65.00 元

前　言

　　智能控制是在人工智能与自动控制等多学科基础上发展起来的新兴学科，它通过研究与模拟人类智能活动及控制与信息传递过程的规律，解决那些用传统方法难以解决的、复杂系统的控制问题。智能控制是对多种学科、多种技术和多种方法的高度综合集成，擅长解决非线性、时变等复杂的控制问题，是控制理论发展的高级阶段。目前，智能控制技术已经进入了工程化、实用化的阶段，取得了十分可喜的成果。我们有理由相信，未来随着人工智能技术的迅速发展，智能控制必将迎来它的发展新时期。

　　本书对智能控制的有关理论及实现方法展开系统性的研究，全书内容共分 7 章：第 1 章在概括自动控制的基本问题及挑战的基础上，引出了智能控制的概念，并简要讨论了智能控制的研究内容、系统分类、理论体系、应用现状及发展方向；第 2 章分析讨论了基于模糊理论的智能控制，内容主要包括模糊集合及其运算、模糊关系、模糊逻辑、模糊推理、模糊控制器的原理及设计实例、自适应模糊控制等；第 3 章分析讨论了基于神经网络的智能控制，内容主要包括人工神经元模型、神经网络的定义和特点、典型神经网络模型、基于神经网络的系统辨识、基于神经网络的智能控制、神经 PID 控制、神经控制系统的设计及应用实例等；第 4 章分析讨论了专家系统与仿人智能控制；第 5 章分析讨论了递阶智能控制与学习控制；第 6 章分析讨论了几类典型的智能优化方法，内容主要包括遗传算法、粒子群优化算法、蚁群优化算法、人工免疫算法、分布估计算法等；第 7 章主要讨论了复合智能控制及智能控制和智能优化的融合。全书对智能控制的基本概念、基本原理以及实现方法进行了提炼，力求使内容少而精，并分析了许多智能控制系统的设计实现方法及应用实例。既具有一定的学术价值，又具有一定的实用价值。

　　在撰写本书的过程中，作者得到了同行业内许多专家学者的指导帮助，也参考了国内外大量的学术文献，在此一并表示真诚的感谢。作者水平有限，加之智能控制是当今最热门的学科之一，各种新理论、新技术、新方法不断涌现，已有理论也在不断更新，书中难免有不足之处，真诚希望有关专家和读者批评指正。

作　者

2018 年 7 月

目　　录

第 1 章　从传统控制到智能控制

　　传统控制是基于模型的控制,随着被控对象的复杂化,越来越难以用精确的数学模型来描述高度的非线性、强噪声干扰、复杂的信息结构,分散的传感元件与执行元件,分层和分散的决策机构以及动态突变性等。另外,控制过程中的诸多不确定性也难以用精确的数学模型来描述。面对这些复杂对象的控制问题,人们开创性地将人工智能应用到了控制理论之中,发展出了智能控制理论。该理论是对计算机科学、人工智能、知识工程、模式识别、系统论、信息论、控制论、模糊集合论、人工神经网络、进化论等诸多科学技术与方法的高度集成,对于解决复杂系统的控制问题具有十分重要意义,是控制理论发展的重要方向之一。作为本书研究的开始,本章将简要介绍智能控制的产生背景、基本概念、发展历程、学科结构理论体系、应用现状及研究方向,为全书的研究奠定基础。

1.1　自动控制的基本问题

1.1.1　自动控制的概念、目的及要求

　　所谓控制,就是控制(调节)可支配的自由度(调节变量)使系统(对象或过程)达到可接受的运行状态。

　　自动控制是指在无人参与的情况下,利用控制装置使被控对象按期望的规律自动运行或保持状态不变。例如,利用离心球对蒸汽机速度的控制;浮球机构对水箱水位的控制;对卫星、飞船、空间站、空天飞机等航天器飞行轨道与姿态的精确控制等。在科学技术高度发达的今天,从家用空调、冰箱的温度控制,到工业过程控制,再到现代武器系统、运载工具及深空探测器等,都离不开自动控制。

　　被控对象期望的运行规律通常称为给定信号(输入信号),一般分为三类:一是阶跃信号,即给定一个常值信号,使被控对象的输出保持某常值或某状态不变;二是斜坡信号,是被控对象的输出跟踪给定的斜坡信号;三是

任意变化的信号,如斜坡信号和阶跃信号的任意组合,或正弦周期信号等。

自动控制系统根据输入为阶跃信号、斜坡信号和任意信号三种基本形式,分别称为自动调节系统(自动调整系统、恒值调节系统)、随动系统(跟踪系统、伺服系统)和自动控制系统,统称它们为自动控制系统。

人们期望通过自动控制不断地减轻人的体力和脑力劳动强度,提高控制效率和控制精度,提高劳动生产率和产品质量;通过远离危险对象进行遥控实现自动化。总之,通过自动控制可以实现自动化,实现机器逐步代替人的智力,走向智能自动化。

人们总是期望在输入信号的作用下,使被控对象能快速、稳定、准确地按预定的规律运行或保持状态不变。即使在有干扰和被控对象参数变化的不利情况下,控制作用仍能保持系统以允许的误差按预定的规律运行。因此,可以把对自动控制的基本要求概括为快速性、稳定性和准确性,简而言之就是"快、稳、准"。

1.1.2 控制理论应用面临的新挑战

在控制理论建立之初,只能适用于单变量常系数线性系统,是一种单回路线性控制理论,所涉及的数学模型比较简单,所用到的基本分析和综合方法也比较简单,主要是基于频率法和图解法。后来,随着计算机技术的飞速发展,现代控制理论逐步形成并发展了起来。与经典控制理论相比,现代控制理论具有如下重要特点:

(1)控制对象的结构发生转变。即现代控制的被控对象的结构由经典控制的单回路模式转变成了多回路模式。换句话说,经典控制系统是单输入、单输出的,而现代控制则转变成了多输入、多输出。

(2)研究工具的转变。主要包括:①经典控制的研究工具一般是积分变换法和频率法,而现代控制则更偏向于矩阵理论、几何方法、状态空间等方面的研究。②经典控制主要基于手工计算,而以现代计算机技术为基础的现代控制则主要依赖于计算机计算。

(3)建模手段的转变。经典控制主要基于系统的内在机理进行建模,而现代控制则主要采用统计的方法建模,建模过程主要应用统计学理论中的参数估计与系统辨识等理论。

自从控制理论诞生以来,在信息、航天、工业等方面得到了十分广泛的应用。随着各应用领域的技术升级,对控制理论提出了更高的要求,控制理论必须为各应用领域更复杂的系统提供更有效的控制策略。通常大型复杂的系统包括多种复杂设施,如柔性机器人系统、空间飞行系统、计算机集成制造系统、工业生产系统等。由于其特征及运行行为上的复杂性,这些大型系统一般既存在多模式集成与控制策略等方面的复杂性,又存在由不确定性引起的复杂性。对于这类系统,一般既要对其进行相对独立的研究和设计,又必须根据具体的工程实际对其进行研究和修正,以保证其性能及集成有效性。另外,对于非线性系统、具有柔性结构的系统、鲁棒性系统以及离散事件动态系统等,也必须采用类似的研究和设计方法。就目前的研究进展情况来看,控制理论虽然对上述复杂性系统进行了不少探索,但研究成果十分有限。究其原因,主要是目前主流的数学工具在这些大型复杂系统面前显得"力不从心",故而无法找到合适的数学模型对这些复杂系统加以描述。这将是未来相当长的一段时间里控制理论面临的主要挑战,而应对这一挑战的主要途径就是将人工智能引入控制理论,发展智能控制。

1.2　智能控制的产生

随着控制理论及其相关应用领域的变革,控制对象日趋复杂化,控制目标日趋精准化,传统的数学工具与分析方法逐渐显得力不从心。大量的事实证明,传统的控制理论与方法无法解决被控对象复杂、控制环境多变而且控制任务繁重的控制系统的控制问题。究其原因,主要包括如下几个方面:

(1)传统的控制理论都是建立在精确的数学模型之上的。在建立精确数学模型的过程中,往往进行了一定的简化,导致了某些信息的丢失。在高新科技的推动下,很多复杂系统已经无法使用数学语言来设计和分析,必须用工程技术语言来描述,故而寻求新的描述方法成为一种必然选择。

(2)在应对控制对象的复杂性以及不确定性方面,现代控制理论虽然也具备一定的能力,但这种能力十分有限。例如,自适应控制适合于系统参数在一定范围内的缓慢变化情况,鲁棒(Robust)控制区域也是很有限的。然而对于实际的工业过程控制,其数学模型往往具有十分显著的不确定性,而被控制对象也往往具有非常严重的非线性,同时系统的工作点也往往存在着剧烈的变化。利用自适应和鲁棒控制处理这些复杂的控制问题时,往往存在难以弥补的缺陷,故而寻求新的控制技术和方法成为了人们的必然选择。

(3)现代复杂系统往往集视觉、听觉、触觉、接近觉等为一体,即将周围环境的图形、文字、声音等信息作为直接输入,并将这些信息融合,进而完成分析和推理。这就要求现代控制系统必须能够适应周围环境和条件的变化,并且相应地作出合适的判断、决策以及行动。面对这些新要求,传统控制理论和方法基本上无能为力,必须采用具有自适应、自学习和自组织功能的新型控制系统,故而研究开发新一代的控制理论和技术是唯一的途径。

人们从改造大自然的过程中,认识到人类具有很强的学习和适应周围环境的能力。人类的直觉和经验具有十分强大的能动性,大量的事实表明,利用人类的直觉和经验往往可以很好地操作一些复杂的系统,并且得到的结果也比较理想。基于此,控制科学家们研究并发展了一种仿人的控制论,智能控制正是由此而萌芽的。当然,仅仅通过模仿人类的直觉和经验完成对复杂系统控制的方法具有一定的局限性,要想对更多、更复杂的系统进行控制,智能控制还必须具备模拟人类思维和方法的能力。

通过上述关于智能控制产生背景的讨论可知,智能控制主要是人们为了更好地解决对复杂控制系统的控制问题而研究并发展起来的,它可以被视作自动控制的"升级版"。图 1-1 为控制科学的发展过程框架图。

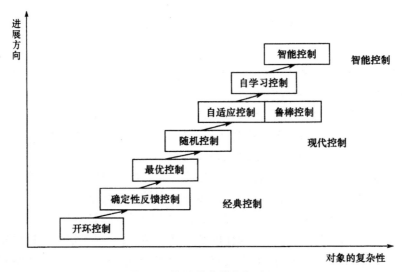

图 1-1　控制科学的发展过程

1.3　智能控制的基本概念与研究内容

1.3.1　智能与智能控制的定义

智能控制是一门新兴学科,从"智能控制"这个术语于 1967 年由利昂兹等人提出后,到现在还没有统一的定义,IEEE 控制系统协会将其总结为"智能控制必须具有模拟人类学习(Learning)和自适应(Adaptation)的能力"。以下两点是对智能控制和智能控制系统的粗略概括：

(1)智能控制是智能机自动地完成其目标的控制过程。其中智能机可在熟悉或不熟悉的环境中自动地或人机交互地完成拟人任务。

(2)由智能机参与生产过程自动控制的系统称为智能控制系统。

定性地讲,智能控制应具有学习、记忆和大范围的自适应和自组织能力;能够及时地适应不断变化的环境;能够有效地处理各种信息,以减小不确定性;能够以安全和可靠的方式进行规划、生产和执行控制动作,从而达到预定的目标和良好的性能指标。

总之,智能控制是一个新兴的研究领域,智能控制学科建立才几十年,仍处于青年期,无论在理论上或实践上它都还不够成熟,不够完善,需要进一步探索与开发。研究者需要寻找更好的新的智能控制理论,对现有理论进行修正,以期使智能控制得到更快更好的发展。

1.3.2　智能控制的常见形式和主要研究内容

智能控制一方面是模拟人类的专家控制经验进行控制,另一方面是模拟人类的学习能力进行控制。因此,智能控制主要有专家控制、模糊控制、神经网络控制、集成智能控制和混合智能控制等。进一步研究智能控制中的被控制对象的基本特征可以发现,智能控制的基本研究内容应当主要包括以下几个方面：

(1)深入研究感知、判断、推理、决策等人类思维活动的内在机理,即对人类自身的认知世界展开探索。

(2)进一步完善智能控制系统的基本结构,并对其进行合理分类,尽可能地从多个层次上寻求智能控制系统的结构模型以及与其相关的学习、自适应、自组织等功能的数学描述。

(3)智能控制所面对的复杂系统往往是由机理模型和实验数据所建立的动态系统,具有极强的不确定性,智能控制必须具备一套行之有效的技术或方法,对这类系统进行辨识、建模和控制。

(4)实时专家控制系统的技术方法。

(5)对于智能控制系统而言,其结构与稳定性是十分重要的,故而必须研究建立一套有效的系统结构分析方法与系统稳定性分析方法。

(6)在智能控制系统中,模糊逻辑、神经网络和软计算具有十分重要的地位,必须在这些方面展开系统性的研究,发展出有效的技术与方法。

(7)集成智能控制的理论与方法。

(8)基于多 Agent 的智能控制方法。

（9）发展智能控制的根本目的在于应用,必须针对其应用领域展开研究,尤其是在工业过程和机器人等方面。

1.4 智能控制系统

1.4.1 智能控制系统的基本结构

目前,已经提出了很多种有关智能控制系统的结构,但真正实现的还为数不多。图 1-2 为智能系统的一般结构示意图。

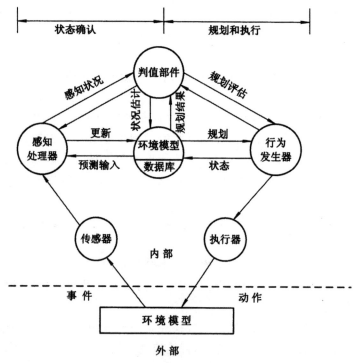

图 1-2 智能系统的一般结构

通过图 1-2 可以看出,智能系统一般由六个部分组成,即执行器、感知处理器、环境模型、判值部件、传感器和行为发生器。图中箭头表示了它们之间的关系。一般地,机器执行器有电机、定位器、阀门、线圈以及变速器等,自然执行器就是人类的四肢、肌肉和腺体;自然传感器就是身、眼、口、鼻等器官,人工传感器有红外检测器、摄像机、各种电信号检测仪、机械力学检测器等;感知处理器也叫感知信息处理器,它将传感器观测到的信号与内部的环境模型产生的期望值进行比较,还包括语音识别以及语言和音乐的解释,它可以与环境模型和判值系统进行交互,把值赋给认识到的实体、事件和状态;环境模型是智能系统对环境状态的最佳估计,该模型包括有关环境的知识库、存储与检索信息的数据库及其管理系统等;判值部件决定好与坏、奖与罚、重要与平凡、确定与不确定。由判值部件构成的判值系统,估计环境的观测状态和假设规划的预期结果;行为发生器负责产生行为,它选择目标、规划和执行任务。

在一般情况下,智能系统的结构具有递阶形式。图 1-3 给出了系统结构的重复和分布关系。它是一个具有逻辑和时间性质的递阶结构。图 1-3 的左边是组织递阶结构,此处计算结点按层次排列,犹如军队组织中的指挥所。组织递阶层的每一节点包含四种类型的计算模块:行为发生(BG)、环境模型(WM)、感知信息处理(SP)和判值模块(VJ)。组织递阶层次中的每一个指挥环节(结点),从传感器和执行器到控制的最高层,可以由图中间的计算递阶层来表示。在每一层,节点以及节点内的计算模块由通信系统紧密地互相连接,每一节点内通信系统都提供了图 1-3 所示的模块间通信。查询与任务状况的检查由 BG 模块到 WM 模块进行通信;信息检索由 WM 模块返回 BG 模块进行通信;预测的传感数据从 WM 模块送到 SP 模块;环境模型的更新从 SP 模块到 WM 模块进行;观测到的实体、事件和情况由 SP 模块送给 VJ 模块。这些实体、事件和情况构成环境模型,要赋以一定的值,它由 VJ 模块送到 WM 模块;假设的规划由 BG 模块传至 VJ 模块;估计由 VJ 模块返回到假设规划的 BG 模块。

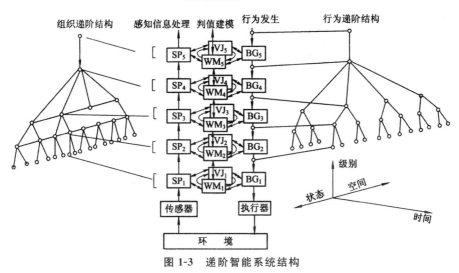

图 1-3　递阶智能系统结构

通信也在不同级别的节点间进行。命令由上级监控 BG 模块向下传送到下级从属的 BG 模块。状态报告通过环境模型向上由较低级的 BG 模块传回到发命令的高一级监控 BG 模块。在某一级上由 SP 模块所观测到的实体、事件和状况向上送到高一级的 SP 模块。存储在较高级 WM 模块的实体、事件和状况的属性，向下送到较低级上的 WM 模块。最低级 BG 模块的输出传送到执行器驱动机构。输入到最低级的 SP 模块的信号是由传感器提供的。

通信系统可按各种不同的方法来实现。在人工系统中，通信功能的物理实现可以是计算机总线、局部网络、共享存储器、报文传输系统或几种方法的组合。输入到每一级上的每一个 BG 模块的命令串，通过状态空间产生一个时间函数的轨迹。所有命令串的集合，建立了一个行为的递阶层。执行器的输出轨迹相应于可观测的输出行为，在行为的递阶层中所有其他轨迹构成了行为的纵深结构。

智能系统，尤其是人类活动这种高级的智能系统，其过程是非常复杂的。不仅总系统呈递阶结构，BG 模块、WM 模块、SP 模块和 VJ 模块以及传感器、执行器，它们本身也还存在着许多子结点或子系统。图 1-3 所示的递阶结构，其中每一个结点都可以与智能行为发生过程中机体的不同部位相对应。

以行为发生（BG 模块）的递阶层为例，它的功能是将任务命令分解成子任务命令。其输入是由上一级 BG 模块来的命令和优先级信号，加上由附近 VJ 模块来的估值，以及由 WM 模块来的有关外界过去、现在和将来的信息所组成的。BG 模块的输出则是送到下一级 BG 模块的子任务命令和送到 WM 模块的状态报告，以及关于外界现在和将来"什么"和"倘使……怎么样"的查询。

任务和目标的分解常常具有时间和空间特性。例如，在 BG 模块的第一级，躯体部件（如手臂、手、指头、腿、眼睛、躯干以及头）的速度和力的协调命令被分解成单个执行器的运动命令，反馈修正各执行器的位置、速度和力。对于脊椎动物，这一级是运动神经元和收缩反射。第二级是将躯体部件的调遣命令分解成平滑的、受协调的动态有效轨迹，反馈修正受协调的轨迹运动，这一级就是脊髓运动中枢和小脑。第三级是将送到操纵、移动和通信子系统的命令分解成许多避免障碍和奇异的无冲突路径。反馈修正相对于环境中物体表面的运动，这一级就是红核、黑质和原动皮层。第四级是将个体对单独对象执行简单任务的命令分解成躯体移动、操纵和通信子系统的协调动作，反馈激发系统动作并将其排序，这一级就是基神经节和动额前皮层。第五级是将相对于小组其他成员的智能个体自身的行为命令分解成自身和附近对象或物体之间的交互作用，反馈激发和驾驭整个自身任务的活动。行为发生的第五级和第五级以上都假想为处于暂态的额前和皮质缘区域。第六和第七级涉及组间与更长时间范围内的活动，这里不再细述。

总之,以上是对智能系统一种抽象和概念性的描述,从总体上阐述智能系统(包括低级动物和人类)活动的内在机理。由于实际存在的智能系统往往十分复杂,人们至今对它还缺乏深入了解,未能掌握其规律和实质,所以图 1-2 和图 1-3 所示的智能结构也只是一种猜想和较合理的解释,更精确的模型有待于更深入的研究。

1.4.2　智能控制系统的分类

分类学与科学技术学科的分类问题,本是十分严谨的学问,但对于一些新学科却很难确切地对其进行分类或归类。例如,至今多数学者把人工智能看作计算机科学的一个分支;但从科学长远发展的角度看,人工智能更应该是智能科学的一个分支。智能控制也尚无统一的分类方法,目前主要按其作用原理进行分类。

1. 分级递阶智能控制系统

分级递阶智能控制是从工程控制论角度,总结人工智能、自适应、自学习和自组织的关系后逐渐形成的。分级递阶智能控制可以分为基于知识/解析混合的多层智能控制理论和基于精度随智能提高而降低的分级递阶智能控制理论两类。前者由意大利学者 A. Villa 提出,可用于解决复杂离散时间系统的控制设计;后者由萨里迪斯于 1977 年提出,它由组织级、协调级和执行级组成,如图 1-4 所示,各级的主要功能如下:

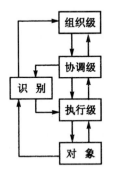

图 1-4　分级递阶智能控制结构

(1)执行级。执行级一般需要被控对象的准确模型,以实现具有一定精度要求的控制任务,因此多采用常规控制器实现。

(2)协调级。协调级是高层和低层控制级之间的转换接口,主要解决执行级控制模态或控制模态参数自校正问题。它不需要精确的模型,但需要具备学习功能,并能接受上一级的模糊指令和符号语言。该级通常采用人工智能和运筹学的方法实现。

（3）组织级。组织级在整个系统中起主导作用,涉及知识的表示与处理,主要应用人工智能的方法。在分级递阶结构中,下一级可以看成上一级的广义被控对象,而上一级可以看成下一级的智能控制器,如协调级既可以看成组织级的广义被控对象,又可以看成执行级的智能控制器。

萨里迪斯定义了"熵"作为整个控制系统的性能度量,并对每一级定义了熵的计算方法,证明在执行级的最优控制等价于使用某种熵最小的方法。这种分层递阶结构的特点是:对控制而言,自上而下控制的精度越来越高;对识别而言,自下而上信息的反馈越来越粗糙,相应的智能程度也越来越高,即所谓的"控制精度递增伴随智能递减"。

2. 专家控制系统

专家系统是一种模拟人类专家解决问题的计算机软件系统。专家系统内部含有大量的某个领域的专家水平的知识与经验,能够运用人类专家的知识和解决问题的方法进行推理和判断,模拟人类专家的决策过程,来解决该领域的复杂问题。

专家控制系统是将人工智能与自动控制相结合进而开发出的一种智能控制系统,它以知识工程为基础,应用专家系统的有关技术与方法,模拟人类专家的系统控制经验与知识,进而实现对被控对象的控制。一般地,专家控制系统必须具备三大功能:首先,专家控制系统必须具有全面的专家系统结构;其次,专家控制系统必须具有完善的知识处理功能;最后,专家控制系统还必须具有实时控制的可靠性能。就目前的发展状况来看,专家控制系统大多采用黑板结构,配备有庞大的知识库,同时还具有复杂的推理机制。从系统结构上看,一个完整的专家控制系统由两个子系统组成,一个是知识获取子系统,另一个是学习子系统。由于这类系统既要向人类被动获取知识又要主动向人类学习知识,所以对人—机接口具有比较高的要求。图1-5给出了专家控制系统的基本原理示意图。

具体工业应用中的专家控制系统主要以工业专家控制器的形式存在,它主要针对具体的被控制对象过程进行控制。从结构上看,工业专家控制器是将专家控制系统简化而得到的控制器,它具有实时算法和逻辑功能。综合近些年的发展概况,工业专家控制器的知识库设计得较小,推理机制也相对简单,通常不需要人-机接口,一般侧重于启发式控制知识的开发。就应用现状来看,工业专家控制器凭借其结构简单、成本低廉、易于维护且能满足绝大多数的工业控制要求而获得了社会的高度认可,应用十分广泛。

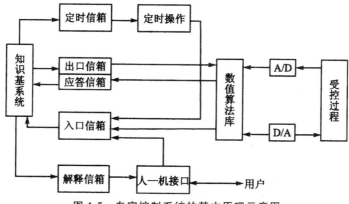

图 1-5　专家控制系统的基本原理示意图

3. 模糊控制系统

以人的经验和决策行为为基础,控制科学家们不仅研发出了专家控制系统,而且还采用模糊集合理论开发出了模糊控制系统。在这里,我们通过如下两个方面来简述模糊控制系统的有效性:

(1)模糊控制能够提供一种新机理,这种机理可以实现基于规则(或者称作基于知识)的控制规律,这种控制规律有的可以用语言来描述,有的则难以用语言描述。

(2)模糊控制能够提供全新的控制方法,用以替代改进非线性控制器。一般地,对于一些具有显著的不确定性和传统非线性控制理论难以控制的系统,常常需要利用改进非线性控制器来实现对其的控制,但是改进非线性控制器仍然具有很多的不足之处,模糊控制不仅可以很好地弥补这些不足,而且可以获得更好的控制效果。

图 1-6 为模糊控制器的一般结构示意图。通过图 1-6 可以看出,模糊控制器主要由 4 个功能模块组成,分别是模糊化、规则库、模糊推理和逆模糊化。

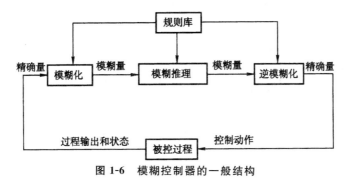

图 1-6　模糊控制器的一般结构

随着智能控制的发展,模糊逻辑理论和神经网络建模方法逐渐引入社会经济管理系统,并得到了广泛的应用,使得基于传统控制理论的经济控制论得以发挥更重要的作用。

4. 人工神经网络控制系统

人工神经网络采用仿生学的观点与方法研究人脑和智能系统中的高级信息处理。由很多人工神经元按照并行结构经过可调的连接权构成的人工神经网络具有某些智能和仿人控制功能。典型的神经网络结构包含多层前馈神经网络、径向基函数网络、Hopfield 网络等。

人工神经网络具有可以逼近任意非线性函数的能力,因此既可以用来建立非线性系统的动态模型也可以用于构建控制器。神经网络控制系统结构如图 1-7 所示,其工作原理是:若图中输入与输出满足关系

$$y = g(u)$$

那么寻找合适的控制量 u,使得

$$y = y_d$$

就成了最主要的设计目标。其中,y 为系统输出,而 y_d 为期望值。故而,系统控制量由公式

$$u_d = g^{-1}(y_d)$$

决定。如果函数 $g(u)$ 是一个简单函数,那么 u_d 很容易求得。然而函数 $g(u)$ 的具体形式通常都是未知的,即使有时候已知,也难以进一步求出其反函数 $g^{-1}(u)$,而传统控制的局限性正在于此。研究表明,神经网络具有很强的自学习能力,如果用其来模拟函数 $g(u)$ 的反函数 $g^{-1}(u)$,那么不管原函数 $g(u)$ 是不是已知的,要找到神经网络输出 u_d 总是可以的,而这里的 u_d 完全可以作为被控对象的控制量。在具体应用中,神经网络的学习一般由被控对象的实际输出与期望值输出之间的误差来控制,人们通过适当地调整神经网络的加权系数,逐步实现 $e = y_d - y = 0$。

神经网络的特点是:有很强的鲁棒性和容错性,采用并行分布处理方法,可学习和适应不确定系统,能同时处理定量和定性知识。从控制角度看,神经网络控制特别适用于复杂系统、大系统以及多变量系统。

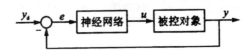

图 1-7　神经网络控制系统结构

5. 学习控制系统

学习是人类的主要智能之一,在人类的进化过程中,学习起着非常重要的作用。机器学习与人类的学习类似,其内在机理是反复地将各种信号输入系统,并对系统进行调试或校正,使得系统能够针对不同的输入信号作出指定的响应。一般地,学习控制系统的内在机理能够通过以下几个方面来概括:

(1)反复比较动态控制系统的输入与输出,努力找出二者之间的内在关系,并且尽可能使所得关系简化。

(2)按照上一步所得关系来更新控制过程,从而完成该步学习,并执行新控制过程。

(3)对每一个控制过程进行改善,尽可能使其性能更优。

反复执行上述步骤,逐步改善被控制系统的性能,久而久之即可获得性能比较理想的学习控制系统。

6. 网络控制系统

随着计算机网络技术、移动通信技术和智能传感技术的发展,计算机网络已迅速发展成为世界范围内广大软件用户的交互接口,软件技术也阔步走向网络化,通过现代高速网络为客户提供各种网络服务。计算机网络通信技术的发展为智能控制用户界面向网络靠拢提供了技术基础,智能控制系统的知识库和推理机也都逐步和网络智能接口交互起来。于是,网络控制系统就应运而生。网络控制系统(NCS)又称网络化的控制系统,即在网络环境下实现的控制系统。是指在某个区域内一些现场检测、控制及操作设备和通信线路的集合,以提供设备之间的数据传输,使该区域内不同地点的设备和用户实现资源共享和协调操作。

7. 多真体控制系统

计算机技术、人工智能、网络技术的出现与发展,突破了集中式系统的局限性,并行计算和分布式处理等技术(包括分布式人工智能)和多真体系统(MAS)应运而生。可把 Agent 看作能够通过传感器感知其环境,并借助执行器作用于该环境的任何事务。当采用多真体系统进行控制时,其控制原理随着真体结构的不同而有所差异,难以给出一个通用的或统一的多真体控制系统结构。

1.5　智能控制的学科结构理论体系

　　1971 年,傅京孙提出了把智能控制作为人工智能和自动控制的交集领域的思想,这一观点得到了控制科学界的广泛认可,于是构建智能控制学科的体系结构的工作也在控制科学界逐步开展了起来。接下来我们主要讨论智能控制的二元交集结构、三元交集结构和四元交集结构三种思想。

1.5.1　智能控制的二元交集结构理论体系

　　1971 年,傅京逊教授以自学习控制理论为基础提出了"智能控制"是自动控制和人工智能的交集的结构,称为智能控制的二元交集结构。二元交集结构可以由交集(通集)式

$$IC = AI \cap AC \qquad (1-5-1)$$

表示,也可以用离散数学和人工智能中常用的谓词公式之合取来表示,即

$$IC = AI \wedge AC \qquad (1-5-2)$$

式中:AI 的含义为人工智能;AC 的含义为自动控制;IC 的含义为智能控制;$\cap$ 和 $\wedge$ 分别表示交集和连词"与"符号。

　　图 1-8 为智能控制的二元交集结构的示意图。可以看出,智能控制系统的设计就是要尽可能地把设计者和操作者所具有的与指定任务有关的智能转移到机器控制器上。由于二元交集结构简单,它是目前应用得最多最普遍的智能控制结构。

图 1-8　智能控制的二元交集结构

1.5.2　智能控制的三元交集结构理论体系

　　1977 年,萨里迪斯对傅京逊的二元交集结构进行了扩展,将运筹学概念引入智能控制,使之成为三元交集中的一个子集,即

$$IC = AI \cap CT \cap OR \qquad (1-5-3)$$

也可以用离散数学和人工智能中常用的谓词公式之合取来表示,即

$$IC = AI \wedge CT \wedge OR \qquad (1-5-4)$$

式中:CT 的含义为控制论;OR 的含义为运筹学,它是一种定量化优化方法,包括数学规划、图论、网络流、决策分析、排队论、存储论、对策论等内容。

图 1-9 为智能控制的三元交集结构的示意图。三元交集结构强调了更高层次控制中调度、规划与管理的作用,为递阶智能控制的提出奠定了基础。图 1-10 进一步给出了三元交集结构中各元之间的关系。

图 1-9　智能控制的三元交集结构

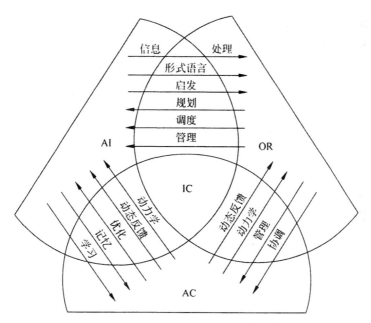

图 1-10　三元交集结构中各元关系图

1.5.3　智能控制的四元交集结构理论体系

1987 年,我国中南大学蔡自兴教授把信息论融合到三元交集结构中,提出了智能控制的四元交集结构,即

$$IC=AI\cap CT\cap IT\cap OR \tag{1-5-5}$$

智能控制的四元交集结构也可以用离散数学和人工智能中常用的谓词公式之合取来表示,即

$$IC = AI \wedge CT \wedge IT \wedge OR \qquad (1\text{-}5\text{-}6)$$

式中:IT 的含义为信息论。

如图 1-11 所示,给出了智能控制的四元交集结构的交接图及其简化图。这种结构突出了智能控制系统是以知识和经验为基础的拟人控制系统。知识是对收集来的信息进行分析处理和优化形成结构信息的一种形式,智能控制系统的知识和经验来自信息,又可以被加工为新的信息,因此智能控制系统离不开信息论的参与作用。图 1-12 进一步给出了智能控制的四元交集结构中各元关系图。

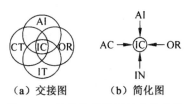

（a）交接图　　　（b）简化图

图 1-11　智能控制的四元交集结构

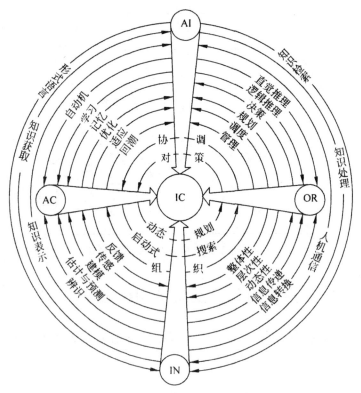

图 1-12　四元交集结构中各元关系图

1.6　智能控制系统应用现状及研究方向

1.6.1　智能控制的应用

1. 在机器人系统中的应用

近些年来,随着人工智能的高速发展,形形色色的智能机器人已经逐步走入了人类的生产和生活之中,在工业生产、物流配送、体育、娱乐、家居及医疗领域也得到了广泛应用。例如,足球机器人、舞蹈机器人、机器宠物和家庭智能机器人等,在将科学技术与实际结合的同时还给人类带来极大的乐趣;智能医疗机器人在辅助外科手术及远程医疗服务方面已获得了成功的应用;微型智能机器人在精密机械加工、现代光学仪器、现代生物工程、医学和医疗等应用中将有广阔的应用前景。总之,有关智能机器人的应用数不胜数。在机器人系统中,智能控制的应用不言而喻。换言之,机器人本来就是一台智能控制的机器。

2. 在现代制造系统中的应用

现代先进制造系统需要依赖不够完备和不够精确的数据来解决难以或无法预测的情况,人工智能技术为解决这一难题提供了有效的解决方案。制造系统的控制主要分为系统控制和故障诊断两大类。就系统控制而言,一方面,以专家系统的"Then－If"逆向推理功能为核心构建反馈机构,进而可以实现对控制机构或者选择较好的模式或参数的修改;另一方面,综合应用模糊集合(关系)的鲁棒性,以集成融合的技术手段,在闭环控制外环的决策选取机构中加入模糊信息,进而可以实现对控制动作的选择。就故障诊断而言,依托人工神经网络强大的信息处理功能和学习功能,可以实现对系统故障的诊断,例如诊断 CNC 的机械故障等。现代制造系统向智能化发展的趋势,是智能制造的要求。

3. 在 CIMS 和 CIPS 中的应用

随着科技与社会的不断发展,工业生产的规模日益大型化,工业生产过程日益复杂化,对计算机系统提出了更高的要求。一方面,计算机不仅要完成面向过程的控制任务,而且还应具有将控制系统优化升级的功能。另一方面,计算机需要将全部生产过程的信息尽可能多地收集起来,并且进行有效的综合与优化,从而更好地服务于生产、调度、管理、经营等。要满足这些要求,传统的计算机系统就有点力不从心了,必须引入人工智能,即实现智能控制。能实现这些功能的系统有许多不同的名称,如全厂监督与控制系统、工厂综合自动化系统、计算机集成制造系统 CIMS 和计算机集成过程控制系统 CIPS 等。计算机集成制造系统和过程控制系统的 5 级递阶结构分别如图 1-13 和图 1-14 所示。

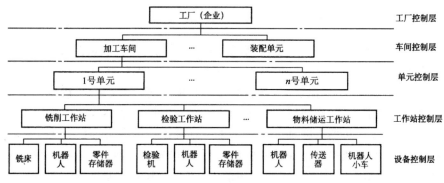

图 1-13 计算机集成制造系统的 5 级递阶结构

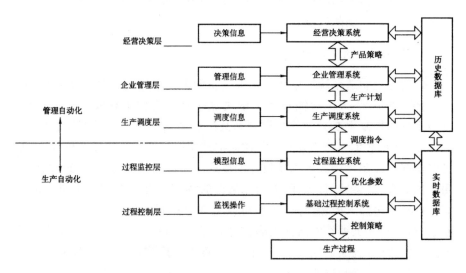

图 1-14 计算机集成过程控制系统的 5 级递阶结构

CIMS 是一种综合自动化系统,它有效地将企业的生产、经营、管理、决策与计算机控制集成起来,几乎将企业的生产经营过程囊括其中,实现了企业生产、经营、管理和决策的一体化运营。由此看来,信息集成是 CIMS 系统的核心功能。换句话说,CIMS 系统的中心任务就是实时地将信息收集起来,并在合适的时间、合适的地方将有用的信息以正确的格式提交给有需求的用户。实践表明,CIMS 系统极其复杂,而且建设起来耗资巨大,设计 CIMS 系统的首要任务便是分析其系统结构和突破其关键技术。而智能控制的有关技术正是 CIMS 实现的核心技术,如智能信息处理、智能管理、智能检测技术等。

4. 在过程控制中的应用

过程控制是指石油、化工、冶金、轻工、纺织、制药、建材等工业生产过程的自动控制,是自动化技术的一个极其重要的方面。智能控制在过程控制上有着广泛的应用。在石油化工方面,1994 年美国的 Gensym 公司和 Neuralware 公司联合将神经网络用于炼油厂的非线性工艺过程。在冶金方面,日本的新日铁公司于 1990 年将专家控制系统应用于轧钢生产过程。在化工方面,日本的三菱化学合成公司研制出用于乙烯工程的模糊控制系统。将智能控制应用于过程控制领域,是过程控制发展的方向。

5. 在航天航空控制系统中的应用

为提高航天、航空器的可靠性,除保证设备、系统的固有性能和裕度外,还必须加强故障诊断,以及定位、隔离和系统重构。由于飞行器上的设备和系统极其复杂,单靠飞行员是无法完成的。在智能控制技术中,专家系统应用的主要领域是故障诊断、定位。

在提高武器发射精度,实现自动、自主式航天器的交会等改进性能方面,由于周围环境过于复杂,靠飞行员或宇航员难以实现,可采用分级递阶智能控制系统或专家控制系统来实现。

在航空方面,专家控制可应用于机上故障监控和诊断,以及机上智能武器发射系统、机上早期报警实时咨询系统、参数自适应和性能自适应的自组织控制系统、飞行管理专家系统等。在航天方面,智能控制的应用包括航天飞机地面控制系统的研制,航天器自动、自主式交会专家系统的开发,空间站公共舱温度系统的智能控制,以及空间站过程控制实时专家系统等。

6. 在广义控制领域中的应用

从广义上理解自动控制,可以把它看作不通过人工干预而对控制对象进行自动操作或控制的过程,如股市行情、气象信息、城市交通、地震火灾预报数据等。这类对象的特点是以知识表示的非数学广义模型,或者含有不完全性、模糊性、不确定性的数学过程。对它们进行控制是无法用常规控制器完成的,而需要采用符号信息知识表示和建模,应用智能算法程序进行推理和决策。智能控制在广义控制领域中的应用是智能控制优越性的突出体现。

7. 在交通运输系统中的应用

随着经济的高速发展和全球化进程的加速,交通运输的压力越来越大,对其有效控制和管理已成为政府和公众所关注的大问题。交通管理是全局性的,对实时性要求很高,安全问题尤为突出。目前世界上一些国家的交通管理部门都在应用先进的实时智能交通系统(ITS)来有效地减轻管理人员的负担。

实时智能系统可将大量的实时控制过程和管理层数据转变为智能系统的信息,并且按照专家的方式去处理这些信息,通过分析和控制复杂的交通信息,帮助管理人员为司机提供秒级的最新交通状况。在欧美一些地区,ITS已在公路、铁路、船运、航空等许多领域得到应用。

在公路交通方面,实时ITS可以解决交通状况的模拟、监测和控制,以及操作员决策支持、事故处理管理和乘客信息管理等。瑞士的Neuchatel城建立了全长约34km的环城公路,其中包括两条各长7km左右的隧道和大量的监测、引导设施,有900多个红绿灯和650个左右可变信息牌,约2800个数据点,完整的信号灯、传感器、信息指示电子系统和交通管理中心,以及基于G2平台的智能交通系统。

实时ITS在铁路与地铁的管理中也发挥着重要的作用。在车站内,实时ITS应用于设施管理,如安全、车费管理、自动电梯、乘客信息管理及紧急事件处理。另外一个重要的应用方面是车辆的计划和调度,如火车行驶计划和调度优化。西门子公司在G2上开发了铁路调度派遣实时专家系统。假设在一个不熟悉的城市中寻找路线,一种方法是花上几周时间来记住所有的街道,另一种方法是用已有的知识去看地图。传统的计算机程序是按前种方式工作的,基于知识的专家系统(KBES)则采取后一种方式。基于知识的专家系统是保存各种技术的仓库,无论是在常见的还是罕见的事故中,都能为操作员提供足够、恰当的信息,帮助他们更快和更好地采取相应的措施。香港地铁于1995年开始采用基于G2的实时交通智能系统进行车站设备监控,并为操作员提供决策支持,帮助操作员少犯或不犯错误,尤其能减轻他们处理紧急情况的压力,使交通管理更安全、有效。

在船运方面,对运输过程中的稳定平衡及装卸货物的顺序、位置等都有很高的要求,因此,应用ITS优化货物的装卸方式是很重要的,同时还可以提高码头、港口的运作能力。南非的开普敦港利用G2研究集装箱码头的吞吐能力,并通过模型仿真提出了码头扩充的最佳方式。

同样,在航空方面也存在着类似问题。例如解决机场货物的装卸和移动方式、提高后勤操作、集装箱管理、乘客信息管理及通道管理等。

1.6.2　智能控制系统的研究方向

智能控制是自动化科学的崭新分支,在自动控制理论体系中具有重要的地位。目前,智能控制科学的研究十分活跃,研究方向主要有以下几个方面:

(1)智能控制的基础理论和方法研究。鉴于智能控制是多学科交叉边缘学科,结合相关学科的研究成果,研究新的智能控制方法,对智能控制的进一步发展具有重要的作用,可以为设计新型的智能控制系统提供支持。

(2)智能控制系统结构研究。研究包括基于结构的智能系统分类方式和新型的智能控制系统结构探寻。

(3)智能控制系统的性能分析。分析包括不同类型智能控制系统的稳定性、鲁棒性和可控性等。

(4)高性能智能控制器的设计。近年来,由于人工生命研究不断深入,进化算法、免疫算法等高性能优化方法开始涉及控制器的设计,推动了高性能智能控制器的研究。

(5)智能控制与其他控制方法结合的研究。包括模糊神经网络控制、模糊专家控制、神经网络学习控制、模糊 PID 控制、神经网络鲁棒控制、神经网络自适应控制等,已成为智能控制理论及应用的热门方向之一。

第 2 章　基于模糊理论的智能控制

模糊控制是模拟大脑左半球模糊逻辑推理功能的智能控制形式,它通过"若……则……"等规则形式表现人的经验、知识,在符号水平上模拟智能,这样的符号的最基本形式就是描述模糊概念的模糊集合。模糊集合、模糊关系和模糊推理构成了模糊数学的基础。模糊控制的基础是模糊数学,在构成智能控制器或系统时,它与专家控制互相借鉴有益的成果,而且有时可结合在一起。本章我们就针对基于模糊理论的智能控制展开系统性的讨论。

2.1　模糊控制概述

模糊数学是由美国控制论专家 Zadeh 于 1965 年倡导并建立的一门新兴学科,经过许多专家学者的不懈努力,该学科的相关理论和方法在过去60 多年的时间里不断完善,而其应用也越来越广泛,不仅应用于自然科学领域,在社会科学领域也得到了重视。

从 20 世纪 70 年代开始,控制科学家们逐步将模糊逻辑应用于控制理论中,发展出了一门新的控制技术——模糊控制。与传统的逻辑系统相比,模糊控制不仅在行为方式上与人类的行为和语言表达方式更加接近,而且具备一套行之有效的获取方法,可以有效获取现实世界中的不精确或近似的知识。从本质上讲,模糊控制是一套基于模糊隐含概念和复合推理规则的控制策略。正因为如此,模糊控制在复杂系统控制问题中可谓大放异彩,表现出了十分优异的性能。

目前,模糊控制还没有系统性的理论指导,绝大多数控制科学家都是以经验为基础而完成对模糊控制系统的设计与分析。然而值得注意的是,近些年许多控制论专家将研究的重点转向了模糊系统的动态建模和稳定性分析方面,并且取得了不少研究成果。这些成果促使一些控制论专家坚信可以建立一套完整的理论体系和分析方法,进而对模糊控制进行清晰、透彻的研究和描述,并且可以创建一套专用的工具以推广模糊控制的应用范围。

综合近些年的发展与应用状况,模糊控制具有无须建立被控对象数学模型、控制方法有效反映人类智慧、控制手段易于被人接受、构造相对容易、鲁棒性和适应性较好等方面的优点,故而其在各应用领域获得了极高的认可度。在一些智能控制技术比较发达的国家,模糊控制器已经商品化,如摄像机聚焦模糊控制系统、模糊吸尘器、模糊空调器、模糊洗衣机、模糊电梯控制器、火车模糊启动控制器、模糊制动器、吊车模糊控制器等,都是基于模糊理论的智能控制的成功应用。

2.2　模糊集合及其运算

模糊集合和模糊逻辑推理是模糊控制的基础,这里我们就来讨论模糊集合的有关概念及运算。

2.2.1　模糊集合的定义

一般地,设 U 为某些对象的集合,称为论域,可以是连续的或离散的; u 表示 U 的元素,记作 $U=\{u\}$。

定义 2.2.1(模糊集合)　论域 U 到区间 $[0,1]$ 的任一映射 μ_F,即 $\mu_F:U\to[0,1]$,都确定 U 的一个模糊集合 F; μ_F 称为 F 的隶属函数或隶属度。也就是说, μ_F 表示 u 属于模糊集合 F 的程度或等级。 $\mu_F(u)$ 值的大小反映了 u 对于模糊集合 F 的从属程度。 $\mu_F(u)$ 值接近于 1,表示 u 从属于模糊集合 F 的程度很高; $\mu_F(u)$ 值接近于 0,表示 u 从属于模糊集合 F 的程度很低。

在论域 U 中,可把模糊集合 F 表示为元素 u 与其隶属函数 $\mu_F(u)$ 的序偶集合,记为 $F=\{(u,\mu_F(u))\,|\,u\in U\}$。若 U 为连续域,则模糊集 F 可记作 $F=\int_U \dfrac{\mu_F(u)}{u}$。注意,这里的 $\int$ 并不表示"积分",只是借用来表示集合的一种方法。若 U 为离散域,则模糊集 F 可记为 $F=\dfrac{\mu_F(u_1)}{u_1}+\dfrac{\mu_F(u_2)}{u_2}+\cdots+\dfrac{\mu_F(u_n)}{u_n}=\sum_{i=1}^{n}\dfrac{\mu_F(u_i)}{u_i}(i=1,2,\cdots,n)$。注意,这里的 $\sum$ 并不表示"求和",只是借用来表示集合的一种方法; $\dfrac{\mu_F(u_i)}{u_i}$ 不是分数,只是表示元素 u_i 与其隶属度 $\mu_F(u_i)$ 之间的对应关系,符号"+"也不表示"加法",仅仅是个记号,表示模糊集合在论域上的整体。

例 2.2.1　设论域 $U=\{$小明,小花,小果$\}$,评语为"学习好"。设 3 个人学习成绩总评分是小明得 95 分,小花得 90 分,小果得 85 分,3 人都学习好,但又有差异。

若采用普通集合的观点,选取特征函数 $C_A(u) = \begin{cases} 1, 学习好 \in A \\ 0, 学习差 \in A \end{cases}$,此时特征函数分别为 $C_A(小明) = 1, C_A(小花) = 1, C_A(小果) = 1$,这样就反映不出三者的差异。若采用模糊子集的概念,选取区间 $[0,1]$ 上的隶属度来表示它们属于"学习好"模糊子集 A 的程度,就能够反映出 3 人的差异。

采用隶属函数 $\frac{x}{100}$,由 3 人的成绩可知 3 人"学习好"的隶属度为 μ_A(小明)$=0.95, \mu_A(小花) = 0.90, \mu_A(小果) = 0.85$。"学习好"这一模糊子集 A 可表示为 $A = \{0.95, 0.90, 0.85\}$,其含义为小明、小花、小果属于"学习好"的程度分别是 $0.95, 0.90, 0.85$。

2.2.2　模糊集合的运算

在讨论模糊集合的运算规律之前,我们先给出模糊支集、交叉点及模糊单点的定义。

定义 2.2.2(模糊支集、交叉点及模糊单点)　如果模糊集是论域 U 中所有满足 $\mu_F(u) > 0$ 的元素 u 构成的集合,则称该集合为模糊集 F 的支集。当 u 满足 $\mu_F = 1.0$,则称此模糊集为模糊单点。

接下来,我们给出模糊集合的基本运算的定义。

定义 2.2.3(模糊集合的基本运算)　设 A 是论域 U 中的一个模糊集,隶属函数为 $\mu_A(u)$;B 也是论域 U 中的一个模糊集,隶属函数为 $\mu_B(u)$,则 $\forall u \in U$,有

(1)A 与 B 的并(逻辑或)记为 $A \cup B$,隶属函数为

$$\mu_{A \cup B}(u) = \mu_A(u) \vee \mu_B(u) = \max\{\mu_A(u), \mu_B(u)\}$$

(2)A 与 B 的交(逻辑与)记为 $A \cap B$,隶属函数为

$$\mu_{A \cap B}(u) = \mu_A(u) \wedge \mu_B(u) = \min\{\mu_A(u), \mu_B(u)\}$$

(3)A 的补(逻辑非)记为 $\overline{A}$,隶属函数为

$$\mu_{\overline{A}}(u) = 1 - \mu_A(u)$$

定义 2.2.4(模糊集合运算的基本定律)　设模糊集合 $A, B, C \in U$,则其并、交和补运算满足下列基本规律:

(1)幂等律。具体表现为

$$A \cup A = A, A \cap A = A$$

(2)交换律。具体表现为

$$A \cup B = B \cup A, A \cap B = B \cap A$$

（3）结合律。具体表现为
$$(A \cup B) \cup C = A \cup (B \cup C), (A \cap B) \cap C = A \cap (B \cap C)$$

（4）分配律。具体表现为
$$A \cup (B \cap C) = (A \cup B) \cap (A \cup C), A \cap (B \cup C) = (A \cap B) \cup (A \cap C)$$

（5）吸收律。具体表现为
$$A \cup (A \cap B) = A, A \cap (A \cup B) = A$$

（6）同一律。具体表现为
$$A \cap E = A, A \cup E = E; A \cap \varnothing = \varnothing, A \cup \varnothing = A$$

式中：$\varnothing$ 为空集，E 为全集，即 $\varnothing = \overline{E}$。

（7）DeMorgan 律。即
$$-(A \cap B) = -A \cup (-B), -(A \cup B) = -A \cap (-B)$$

（8）复原律。即
$$\overline{\overline{A}} = A, 即 -(-A) = A$$

（9）对偶律（逆否律）。即
$$\overline{A \cup B} = \overline{A} \cap \overline{B}, \overline{A \cap B} = \overline{A} \cup \overline{B}$$

即
$$-(A \cup B) = -A \cap (-B), -(A \cap B) = -A \cup (-B)$$

（10）互补律不成立。即
$$-A \cup A \neq E, -A \cap A \neq \varnothing$$

例 2.2.2　设 $A = \dfrac{0.9}{u_1} + \dfrac{0.2}{u_2} + \dfrac{0.8}{u_3} + \dfrac{0.5}{u_4}, B = \dfrac{0.3}{u_1} + \dfrac{0.1}{u_2} + \dfrac{0.4}{u_3} + \dfrac{0.6}{u_4}$，求 $A \cup B$ 和 $A \cap B$。

解：易知
$$A \cup B = \frac{0.9}{u_1} + \frac{0.2}{u_2} + \frac{0.8}{u_3} + \frac{0.6}{u_4}, A \cap B = \frac{0.3}{u_1} + \frac{0.1}{u_2} + \frac{0.4}{u_3} + \frac{0.5}{u_4}$$

例 2.2.3　试证明普通集合中的互补律在模糊集合中不成立，即
$$\mu_A(u) \vee \mu_{\overline{A}}(u) \neq 1, \mu_A(u) \wedge \mu_{\overline{A}}(u) \neq 0$$

证明：设 $\mu_A(u) = 0.4$，则 $\mu_{\overline{A}}(u) = 1 - 0.4 = 0.6$，则
$$\mu_A(u) \vee \mu_{\overline{A}}(u) = 0.4 \vee 0.6 = 0.6 \neq 1$$
$$\mu_A(u) \wedge \mu_{\overline{A}}(u) = 0.4 \wedge 0.6 = 0.4 \neq 0$$

2.3　模糊关系

"关系"是来自集合论的一个重要概念，它是不同集合中的元素的关联

程度的反映。关系有普通关系和模糊关系之分。顾名思义,所谓普通关系,就是能够用数学方法或简明逻辑描述的关系;而所谓模糊关系,就是比较含糊,无法用数学方法或简明逻辑描述的关系。在模糊集合中,模糊关系处于核心地位。接下来,我们就对模糊关系展开系统的讨论。具体的方法就是把普通关系的概念推广到模糊集合,得到模糊关系的定义。

定义 2.3.1[笛卡儿乘积(直积、代数积)] 设 $A_1, A_2, \cdots, A_n$ 是一组模糊集合,它们分别来自于论域 $U_1, U_2, \cdots, U_n$,显然,直积 $A_1 \times A_2 \times \cdots \times A_n$ 是由论域 $U_1, U_2, \cdots, U_n$ 构成的乘积空间 $U_1 \times U_2 \times \cdots \times U_n$ 中的一个模糊集合。于是,可以进一步定义其直积(极小算子)为

$$\mu_{A_1 \times A_2 \times \cdots \times A_n}(u_1, u_2, \cdots, u_n) = \min\{\mu_{A_1}(u_1), \mu_{A_2}(u_2), \cdots, \mu_{A_n}(u_n)\}$$

$$(2-3-1)$$

代数积为

$$\mu_{A_1 \times A_2 \times \cdots \times A_n}(u_1, u_2, \cdots, u_n) = \mu_{A_1}(u_1)\mu_{A_2}(u_2)\cdots\mu_{A_n}(u_n) \quad (2-3-2)$$

显然,上述两式都是隶属函数。

基于定义 2.3.1,我们就可以进一步给出模糊关系的精确定义。

定义 2.3.2(模糊关系) 设有两个模糊集合 U 和 V(非空),其直积为 $U \times V$,模糊集合 R 是 $U \times V$ 中的一个模糊子集,那么,R 即可看作是从 U 到 V 的模糊关系,用数学公式表示则有

$$U \times V = \{((u,v), \mu_R(u,v)) \mid u \in U, v \in V\} \quad (2-3-3)$$

模糊关系可以用模糊矩阵来表示。当 $U = \{u_i\}$,$V = \{v_j\}$($i = 1, 2, \cdots, m; j = 1, 2, \cdots, n$)是有限集合时,则 $U \times V$ 的模糊关系 R 可以用 $m \times n$ 阶矩阵

$$\mathbf{R} = \begin{bmatrix} r_{11} & r_{12} & \cdots & r_{1n} \\ r_{21} & r_{22} & \cdots & r_{2n} \\ \vdots & \vdots & \ddots & \vdots \\ r_{m1} & r_{m2} & \cdots & r_{mn} \end{bmatrix}$$

来表示。式中:$r_{ij} = \mu_R(u_i, v_j)$。

模糊关系还可以用模糊图来表示。例如,设模糊关系 R 用模糊矩阵表示时为

$$\mathbf{R} = \begin{array}{c} \\ x_1 \\ x_2 \\ x_3 \end{array} \begin{array}{ccc} y_1 & y_2 & y_3 \\ \begin{bmatrix} 0.4 & 0.3 & 0.1 \\ 0.5 & 0.2 & 0.6 \\ 0.0 & 0.1 & 0.9 \end{bmatrix} \end{array}$$

此关系 R 可以分别用模糊关系图和模糊流通图来表示,如图 2-1 所示。其

中,图 2-1(a)为模糊关系图,图 2-1(b)为模糊流通图。

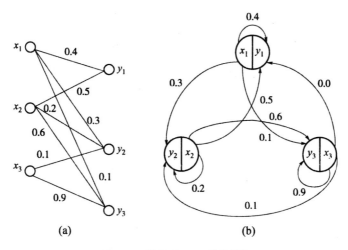

(a)　　　　　　　　　　(b)

图 2-1　模糊关系 R 的图示

定义 2.3.3(复合关系)　若 R 和 S 分别为论域 $U\times V$ 和 $V\times W$ 中的模糊关系,则 R 和 S 的复合 $R \circ S$ 是一个从 U 到 W 的新的模糊关系,记为

$$R \circ S = \{[(u,w);\sup_{v\in V}(\mu_R(u,v)*\mu_S(v,w)*)]$$
$$u\in U,v\in V,w\in W\} \tag{2-3-4}$$

其隶属函数的运算法则为

$$\mu_{R\cdot S}(u,w) = \bigvee_{v\in V}(\mu_R(u,v)\wedge\mu_S(u,v))\ ((u,w)\in(U\times W)) \tag{2-3-5}$$

例 2.3.1　设模糊关系 R 描述了儿子、女儿与父亲、叔叔长相的"相像"关系,模糊关系 S 描述了父亲、叔叔与祖父、祖母长相的"相像"关系,则模糊关系 R 和 S 可以描述为

$$\begin{array}{cc} & 父\quad\ \ 叔 \\ R=\begin{array}{c}子\\女\end{array} & \begin{pmatrix}0.8 & 0.2\\0.3 & 0.5\end{pmatrix}\end{array}$$

$$\begin{array}{cc} & 祖父\quad\ 祖母 \\ S=\begin{array}{c}父\\叔\end{array} & \begin{pmatrix}0.2 & 0.7\\0.9 & 0.1\end{pmatrix}\end{array}$$

试求子女与祖父、祖母长相的"相像"关系 C。

解: 由复合运算法则得

$$\mu_C(x_1,z_1)=[\mu_R(x_1,y_1)\wedge\mu_S(y_1,z_1)]\vee[\mu_R(x_1,y_2)\wedge\mu_S(y_2,z_1)]$$
$$=[0.8\wedge0.2]\vee[0.2\wedge0.9]=0.2\vee0.2=0.2$$

$$\mu_C(x_1,z_2)=\left[\mu_R(x_1,y_1)\wedge\mu_S(y_1,z_2)\right]\vee\left[\mu_R(x_1,y_2)\wedge\mu_S(y_2,z_2)\right]$$
$$=[0.8\wedge0.7]\vee[0.2\wedge0.1]=0.7\vee0.1=0.7$$

$$\mu_C(x_2,z_1)=\left[\mu_R(x_2,y_1)\wedge\mu_S(y_1,z_1)\right]\vee\left[\mu_R(x_2,y_2)\wedge\mu_S(y_2,z_1)\right]$$
$$=[0.3\wedge0.2]\vee[0.5\wedge0.9]=0.2\vee0.5=0.5$$

$$\mu_C(x_2,z_2)=\left[\mu_R(x_2,y_1)\wedge\mu_S(y_1,z_2)\right]\vee\left[\mu_R(x_2,y_2)\wedge\mu_S(y_2,z_2)\right]$$
$$=[0.3\wedge0.7]\vee[0.5\wedge0.1]=0.3\vee0.1=0.3$$

则

$$C=\begin{array}{c}\\ 子 \\ 女\end{array}\begin{array}{c}祖父\quad祖母\\ \begin{pmatrix}0.2 & 0.7\\ 0.9 & 0.1\end{pmatrix}\end{array}$$

设有限模糊集合 $X=\{x_1,x_2,\cdots,x_m\}$ 和 $Y=\{y_1,y_2,\cdots,y_n\}$，R 为 $X\times$

Y 上的模糊关系，即 $R=\begin{bmatrix}r_{11} & r_{12} & \cdots & r_{1n}\\ r_{21} & r_{22} & \cdots & r_{2n}\\ \vdots & \vdots & \ddots & \vdots\\ r_{m1} & r_{m2} & \cdots & r_{mn}\end{bmatrix}$。再设 A 和 B 分别为 X 和 Y

上的模糊集，即

$$A=\{\mu_A(x_1),\mu_A(x_2),\cdots,\mu_A(x_m)\}$$
$$B=\{\mu_B(y_1),\mu_B(y_2),\cdots,\mu_B(y_n)\}$$

且满足关系

$$B=A\circ R$$

就称 B 为 A 的像，A 是 B 的原像，R 是 X 到 Y 上的一个模糊变换。$B=A\circ R$ 的隶属函数运算规则为

$$\mu_B(y_i)=\overset{m}{\underset{i=1}{\vee}}\left[\mu_A(x_i)\wedge\mu_R(x_i,y_j)\right]\quad(j=1,2,\cdots,n)$$

2.4 模糊逻辑与模糊推理

2.4.1 模糊逻辑语言

模糊逻辑是一种模拟人类思维过程的逻辑,要用从区间[0,1]上的某个确切数值来描述一个模糊命题的真假程度,往往是很困难的。语言是人们思维和信息交流的重要工具,有两种语言:自然语言和形式语言。人们在日常工作生活中所用的语言属于自然语言,具有语义丰富、使用灵活等特

点,同时具有模糊特性,如"陈老师的个子很高""她穿的这套衣服挺漂亮"等。计算机语言就是一种形式语言,形式语言有严格的语法和语义,一般不存在模糊性和歧义。

具有模糊性的语言叫作模糊语言,如高、低、长、短、大、小、冷、热、胖、瘦等。语言变量是自然语言中的词或句,它的取值不是通常的数,而是用模糊语言表示的模糊集合。扎德为语言变量作出了如下定义:

定义 2.4.1(语言变量)　　对于一个语言变量,可以用多元组 $(x,T(x),U,G,M)$ 来将之表示。式中: x 代表变量名; $T(x)$ 是一个语言值名称的集合,代表变量名 x 的词集; U 代表论域; G 和 M 都代表语法规则,通过规则 G 可以产生语言值名称,而 M 则代表各语言值含义之间的关系。

一般地,语言变量的每个语言值与定义在论域 U 上的模糊数具有一一对应关系。这样,模糊概念与精确数值就通过语言变量的基本词集而建立了联系。基于此,人们根据需要既可以将定性概念定量化,又可以将定量数据定性模糊化。

例如,在一些工业生产常用的窑炉模糊控制系统中,经常会将温度作为语言变量,进而可以将词集 T(温度)设为

$$T(温度) = \{超高,很高,较高,中等,较低,很低,过低\}$$

上述每个模糊语言如超高、中等、很低等都是定义在论域 U 上的一个模糊集合。

在模糊控制中,模糊控制规则实质上是模糊蕴涵关系。下面简要讨论模糊语言控制规则中所蕴涵的模糊关系。

(1)假设 u 和 v 是定义在论域 U 和 V 上的两个语言变量,人类的语言控制规则为"如果 u 是 A ,则 v 是 B ",其蕴涵的模糊关系 $\boldsymbol{R}$ 为

$$\boldsymbol{R} = (A \times B) \bigcup (\overline{A} \times V)$$

式中: $A \times B$ 称作 A 和 B 的笛卡儿乘积,其隶属度运算法则为

$$\mu_{A \times B}(u,v) = \mu_A(u) \wedge \mu_B(v)$$

所以, $\boldsymbol{R}$ 的运算法则为

$$\mu_{\boldsymbol{R}}(u,v) = [\mu_A(u) \wedge \mu_B(v)] \vee \{[1 - \mu_A(u)] \wedge 1\}$$
$$= [\mu_A(u) \wedge \mu_B(v)] \vee [1 - \mu_A(u)]$$

(2)设已经定义两个语言变量 u 和 v ,且定义控制规则"如果 u 是 A ,则 v 是 B ;否则 v 是 C ",则对应的模糊关系 $\boldsymbol{R}$ 为

$$\boldsymbol{R} = (A \times B) \bigcup (\overline{A} \times C)$$

$$\mu_{\boldsymbol{R}}(u,v) = \{\mu_A(u) \wedge \mu_B(v)\} \vee \{[1 - \mu_A(u)] \wedge \mu_C(v)\}$$

2.4.2　模糊逻辑推理

1. 模糊近似推理

在模糊逻辑和近似推理中,有两种重要的模糊推理规则,即广义取式(肯定前提)假言推理法(GMP)和广义拒式(否定结论)假言推理法(GMT),分别简称为广义前向推理法和广义后向推理法。

GMP 推理规则可表示为

前提 1:x 为 A'

前提 2:若 x 为 A,则 y 为 B

_____

结论:y 为 $B' = A' \circ (A \rightarrow B)$

即结论 B' 可用 A' 与由 A 到 B 的推理关系进行合成而得到。其隶属函数为

$$\mu_{B'}(y) = \bigvee_{x \in X} \{\mu_{A'}(x) \wedge \mu_{A \rightarrow B}(x, y)\}$$

模糊关系矩阵元素 $\mu_{A \rightarrow B}(x, y)$ 的计算方法可采用 Zadeh 推理法,即

$$(A \rightarrow B) = (A \cap B) \cup (1 - A)$$

那么,其隶属函数为

$$\mu_{A \rightarrow B}(x, y) = [\mu_A(x) \wedge \mu_B(y)] \vee [1 - \mu_A(x)]$$

GMT 推理规则可表示为

前提 1:y 为 B'

前提 2:若 x 为 A,则 y 为 B

_____

结论:x 为 $A' = (A \rightarrow B) \circ B'$

即结论 A' 可用 B' 与由 A 到 B 的推理关系进行合成而得到。其隶属函数为

$$\mu_{A'}(x) = \bigvee_{y \in Y} \{\mu_{B'}(x) \wedge \mu_{A \rightarrow B}(x, y)\}$$

模糊关系矩阵元素 $\mu_{A \rightarrow B}(x, y)$ 的计算方法可采用 Mamdani 推理法,即

$$(A \rightarrow B) = A \cap B$$

那么,其隶属函数为

$$\mu_{A \rightarrow B}(x, y) = [\mu_A(x) \wedge \mu_B(y)] = \mu_{R_{min}}(x, y)$$

上述两式中的 A、A'、B 和 B' 为模糊集合,x 和 y 为语言变量。

当 $A = A'$ 和 $B = B'$ 时,GMP 就退化为"肯定前提的假言推理",它与正向数据驱动推理有密切关系,在模糊逻辑控制中特别有用。当 $B' = \bar{B}$ 和 $A' = \bar{A}$ 时,GMT 退化为"否定结论的假言推理",它与反向目标驱动推理有密切关系,在专家系统(尤其是医疗诊断)中特别有用。

2. 单输入模糊推理

当输入状态为单输入时,假设有两个语言变量 x 和 y,它们之间存在模糊关系 $\boldsymbol{R}$,当给语言变量 x 赋予模糊取值 A^* 时,语言变量 y 对应地取值为 B^*。这个结果可以通过模糊推理得到,具体公式为

$$B^* = A^* \circ \boldsymbol{R} \tag{2-4-1}$$

通常情况下,单输入模糊推理[式(2-4-1)]常用如下两种方法来计算:

(1)Zadeh 法。该方法的具体计算公式为

$$B^*(y) = A^*(x) \circ \boldsymbol{R}(x,y) = \bigvee_{x \in X} \{\mu_{A^*}(x) \wedge \mu_R(x,y)\}$$

$$= \bigvee_{x \in X} \{\mu_{A^*}(x) \wedge [\mu_A(x) \wedge \mu_B(y) \vee (1 - \mu_A(x))]\}$$

(2)Mamdani 推理方法。该方法将 $A \rightarrow B$ 的模糊蕴涵关系采用 A 和 B 的笛卡儿积表示,即 $\boldsymbol{R} = A \rightarrow B = A \times B$,当输入状态为单输入时,具体计算公式为

$$B^*(y) = A^*(x) \circ \boldsymbol{R}(x,y) = \bigvee_{x \in X} \{\mu_{A^*}(x) \wedge [\mu_A(x) \wedge \mu_B(y)]\}$$

$$= \bigvee_{x \in X} \{\mu_{A^*}(x) \wedge \mu_A(x)\} \wedge \mu_B(y) = \alpha \wedge \mu_B(y)$$

式中:α 代表 A^* 和 A 的交集的高度,又称 A^* 和 A 的适配度,具体计算公式为 $\alpha = \bigvee_{x \in X} \{\mu_{A^*}(x) \wedge \mu_A(x)\}$。进一步分析可知,该方法所得结果可以看作是 α 对 B 进行切割,故而 Mamdani 推理方法又称"削顶法",如图 2-2 所示。

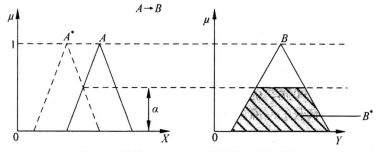

图 2-2　单输入 Mamdani 推理的图形化描述

3. 多输入模糊推理

当输入状态为多输入时,假设输入语言变量有 m 个,分别为 $x_1, x_2, \cdots,$ x_m,y 为输出语言变量,$\boldsymbol{R}$ 为 $x_1, x_2, \cdots, x_m$ 与 y 之间的模糊关系。那么,当 $x_1, x_2, \cdots, x_m$ 的模糊取值分别为 $A_1^*, A_2^*, \cdots, A_m^*$ 时,输出语言变量 y 的取值 B^* 计算公式为

$$B^* = (A_1^* \times A_2^* \times \cdots \times A_m^*) \circ \boldsymbol{R}$$

即

$$B^*(y) = (A_1^*(x_1) \times A_2^*(x_2) \times \cdots \times A_m^*(x_m)) \circ R(x_1, x_2, \cdots, x_m, y)$$

$$= \bigvee_{x_1, x_2, \cdots, x_m} \{\mu_{A_1^*}(x_1) \wedge \mu_{A_2^*}(x_2) \wedge \cdots \wedge \mu_{A_m^*}(x_m) \wedge \mu_R(x_1, x_2, \cdots, x_m, y)\}$$

特别地,在二输入的情况下,同样能利用 Mamdani 方法并采用图形法来描述模糊推理过程。假设二维模糊规则 R 被描述为

$$\text{if } x \text{ is } A \text{ and } y \text{ is } B \text{ then } z \text{ is } C$$

那么,可以将 R 拆分为

$$R_1: \text{if } x \text{ is } A \text{ then } z \text{ is } C$$

和

$$R_2: \text{if } y \text{ is } B \text{ then } z \text{ is } C$$

的交集。其中,R_1 和 R_2 是两个单输入模糊规则。故而,当两个输入变量的模糊取值分别为 A^* 和 B^* 时,可以分别按照单输入模糊规则 R_1 和 R_2 推理得到模糊输出 C_1^* 和 C_2^*,然后再取交集,即可得到两个输入变量在二维模糊规则 R 下的模糊输出 C^*,即

$$C_1^* = A^* \circ (A \times C), C_2^* = B^* \circ (B \times C)$$

$$C^* = C_1^* \wedge C_2^* = [A^* \circ (A \times C)] \wedge [B^* \circ (B \times C)]$$

其运算法则为

$$\mu_{C^*}(z) = \{\bigvee_{x \in X} \mu_{A^*}(x) \wedge [\mu_A(x) \wedge \mu_C(z)]\} \wedge \{\bigvee_{y \in Y} \mu_{B^*}(y) \wedge [\mu_B(x) \wedge \mu_C(z)]\}$$

$$= \{\bigvee_{x \in X} \mu_{A^*}(x) \wedge \mu_A(x) \wedge \mu_C(z)\} \wedge \{\bigvee_{y \in Y} \mu_{B^*}(y) \wedge \mu_B(x) \wedge \mu_C(z)\}$$

$$= \{\alpha_1 \wedge \mu_C(z)\} \wedge \{\alpha_2 \wedge \mu_C(z)\} = \{\alpha_1 \wedge \alpha_2\} \wedge \mu_C(z)$$

上式的图形化意义在于用 α_1 和 α_2 的最小值对 C 进行削顶,如图 2-3 所示。

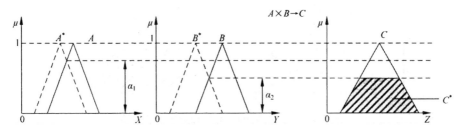

图 2-3 二输入 Mamdani 推理的图形化描述

例 2.4.1 假设某控制系统的输入语言规则为:当误差 e 为 E 且误差变化率 ec 为 EC 时,输出控制量 u 为 U,其中模糊语言变量 E、EC、U 的取值分别为

$$E = \frac{0.8}{e_1} + \frac{0.2}{e_2}, EC = \frac{0.1}{ec_1} + \frac{0.6}{ec_2} + \frac{1.0}{ec_3}, U = \frac{0.3}{u_1} + \frac{0.7}{u_2} + \frac{1.0}{u_3}$$

现已知 $E^* = \frac{0.7}{e_1} + \frac{0.4}{e_2}$,$EC^* = \frac{0.2}{ec_1} + \frac{0.6}{ec_2} + \frac{0.7}{ec_3}$。试求当误差 e 是 E^* 且误

差变化率 ec 是 EC^* 时输出控制量 u 的模糊取值 U^*。

　　解：先计算模糊关系 $\boldsymbol{R}$，其中模糊推理计算采用 Mamdani 推理法。令

$$\boldsymbol{R}_1 = E \times EC = (0.8, 0.2) \wedge (0.1, 0.6, 1.0) = \begin{pmatrix} 0.1 & 0.6 & 0.8 \\ 0.1 & 0.2 & 0.2 \end{pmatrix}$$

$$\boldsymbol{R} = \boldsymbol{R}_1^{\mathrm{T}} \times U = \begin{pmatrix} 0.1 \\ 0.6 \\ 0.8 \\ 0.1 \\ 0.2 \\ 0.2 \end{pmatrix} \wedge (0.3, 0.7, 1.0) = \begin{pmatrix} 0.1 & 0.1 & 0.1 \\ 0.3 & 0.6 & 0.6 \\ 0.3 & 0.7 & 0.8 \\ 0.1 & 0.1 & 0.1 \\ 0.2 & 0.2 & 0.2 \\ 0.2 & 0.2 & 0.2 \end{pmatrix}$$

则输出控制量 u 的模糊取值 U^* 可按式

$$U^* = (E^* \times EC^*) \circ \boldsymbol{R}$$

求出。又令

$$\boldsymbol{R}_2 = E^* \times EC^* = (0.7, 0.4) \wedge (0.2, 0.6, 0.7) = \begin{pmatrix} 0.2 & 0.6 & 0.7 \\ 0.2 & 0.4 & 0.4 \end{pmatrix}$$

把 $\boldsymbol{R}_2$ 写成行向量形式，并以 $\boldsymbol{R}_2^{\mathrm{T}}$ 表示，则

$$\boldsymbol{R}_2^{\mathrm{T}} = (0.2, 0.6, 0.7, 0.2, 0.4, 0.4)$$

$$U^* = (E^* \times EC^*) \circ \boldsymbol{R} = \boldsymbol{R}_2^{\mathrm{T}} \circ \boldsymbol{R}$$

$$= (0.2, 0.6, 0.7, 0.2, 0.4, 0.4) \circ \begin{pmatrix} 0.1 & 0.1 & 0.1 \\ 0.3 & 0.6 & 0.6 \\ 0.3 & 0.7 & 0.8 \\ 0.1 & 0.1 & 0.1 \\ 0.2 & 0.2 & 0.2 \\ 0.2 & 0.2 & 0.2 \end{pmatrix}$$

$$= (0.3, 0.7, 0.7)$$

即模糊输出值 U^* 为 $U^* = \dfrac{0.3}{u_1} + \dfrac{0.7}{u_2} + \dfrac{0.7}{u_3}$。

2.5　模糊控制的原理及模糊控制器

2.5.1　模糊控制的基本原理

　　根据前文所述可知，模糊控制是一种以模糊理论为基础，建立在模糊语言变量和模糊逻辑推理之上的智能控制技术或方法。由于模糊理论的特

性，模糊控制可以在推理、决策等方面模仿人的行为。模糊控制的基本思想是：首先，深入综合操作人员或专家的经验，进而编制合理的模糊规则；其次，采集传感器发出的实时信号，进而将其模糊化并输入到模糊规则中；第三，模糊规则在接收到输入之后便进行模糊推理，并得到符合其约定的模糊输出结果；最后，将模糊输出结果传送到执行器上，完成控制过程。

如图 2-4 所示，给出了模糊控制的基本原理框图。通过图 2-4 可以看出，在整个模糊控制系统中，模糊控制器处于核心地位，而整个控制过程均由计算机程序控制实现。具体地说，模糊控制必须通过一套完整有效的算法（模糊算法）来实现。在这里，我们以一步模糊控制为例来简要说明模糊算法。一般地，被控制量的精确值可以由微机经中断采样的方式获得，在获得被控制量的精确值之后，将其与给定值比较，即可获得误差信号，这里用字母 E 表示，可作为模糊控制系统的一个输入量。将误差信号 E 模糊化，表示为模糊语言，进而得到其模糊语言集合的一个子集 e（模糊向量），而模糊决策正是将模糊向量 e 输入模糊关系 R 进而得到模糊控制量 u 的过程，即

$$u = e \circ R$$

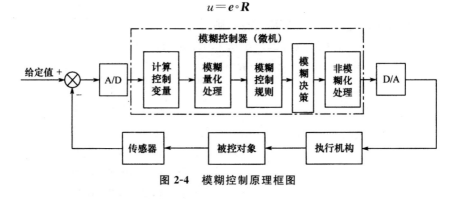

图 2-4　模糊控制原理框图

2.5.2　模糊控制系统的分类

一般地，模糊控制系统的分类方法及类型如下：

（1）按信号的时变特性分类。根据信号时变特性的不同，可以将模糊控制系统分为恒值模糊控制系统和随动模糊控制系统。

（2）按模糊控制的线性特性分类。对开环模糊控制系统 S，设输入变量为 u，输出变量为 v。对任意输入偏差 Δu 和输出偏差 Δv，满足 $\dfrac{\Delta v}{\Delta u} = k$（$u \in U, v \in V$）。定义线性度 δ，用于衡量模糊控制系统的线性化程度，即

$\delta = \dfrac{\Delta v_{max}}{2\xi \Delta u_{max} m}$。式中：$\Delta v_{max} = v_{max} - v_{min}$，$\Delta u_{max} = u_{max} - u_{min}$，$\xi$ 为线性化因子，

m 为模糊子集 V 的个数。设 k_0 为一经验值,则定义模糊系统的线性特性如下:

①当 $|k-k_0| \leqslant \delta$ 时,系统 S 为线性模糊系统。

②当 $|k-k_0| > \delta$ 时,系统 S 为非线性模糊系统。

(3)按静态误差是否存在分类。根据静态误差是否存在,可以将模糊控制系统分为有差模糊控制系统和无差模糊控制系统。

(4)按系统输入变量的多少分类。控制输入个数为 1 的系统为单变量模糊控制系统,控制输入个数大于 1 的系统为多变量模糊控制系统。

2.5.3　模糊控制器

模糊控制器(FC)是模糊控制系统的核心部分,又称模糊逻辑控制器(FLC)。在设计模糊控制器时,一般采用模糊条件语句来描述模糊控制规则,故而人们也将模糊控制器称作模糊语言控制器。图 2-5 给出了模糊控制器的组成结构示意图。

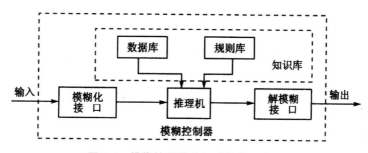

图 2-5　模糊控制器的组成结构示意图

通过图 2-5 可以看出,模糊控制器主要由输入量模糊化接口、数据库、规则库、推理机和输出解模糊接口五个关键部分组成。限于本书篇幅,这里不再详述组成模糊控制器的各元素的具体功能,有兴趣的读者可以参阅相关文献资料。

2.6　模糊控制器的设计与实现实例

控制系统的设计是针对实际应用的受控对象进行的,其设计过程与受控对象密不可分。随着受控对象的不同和控制要求的高低,控制系统可能比较复杂,也可能比较简单,模糊控制系统的设计也不例外。接下来,我们将对模糊控制器的设计步骤进行简要讨论,并在此基础上分析两个模糊控制器的具体实例,其设计思想和方法可供其他受控对象参考。

2.6.1 模糊控制器的设计

模糊控制器最简单的实现方法是将一系列模糊控制规则离线转化为一个查询表(又称控制表),存储在计算机中供在线控制时使用。这种模糊控制器结构简单,使用方便,是最基本的一种形式。接下来我们以单变量二维模糊控制器为例,讨论这种模糊控制器的设计步骤,其设计思想是设计其他模糊控制器的基础。模糊控制器的设计步骤如下:

(1)模糊控制器的结构。单变量二维模糊控制器是最常见的结构形式。

(2)定义输入、输出模糊集。对误差 e、误差变化 ec 及控制量 u 的模糊集及其论域定义是:e、ec 和 u 的模糊集均为{NB,NM,NS,ZO,PS,PM,PB}。例如,e、ec 的论域均为:$\{-3,-2,-1,0,1,2,3\}$,u 的论域为:$\{-4.5,-3,-1.5,0,1,3,4,5\}$。

(3)定义输入、输出隶属函数。误差 e、误差变化 ec 及控制量 u 的模糊集和论域确定后,需针对模糊变量确定隶属函数,即对模糊变量赋值,确定论域内元素对模糊变量的隶属度。

(4)建立模糊控制规则。根据人的直觉思维推理,由系统输出的误差及误差的变化趋势来设计消除系统误差的模糊控制规则。模糊控制规则语句构成了描述众多被控过程的模糊模型。例如,卫星的姿态与作用的关系、飞机或舰船航向与舵偏角的关系、工业锅炉中的压力与加热的关系等,都可用模糊规则来描述。在条件语句中,误差 e、误差变化 ec 及控制量 u 对于不同的被控对象有着不同的意义。

(5)建立模糊控制表。上述描写的模糊控制规则可采用模糊规则表(如表2-1所示)来描述,表中共有49条模糊规则,各个模糊语句之间是"或"的关系,由第一条语句所确定的控制规则可以计算出 u_1。同理,可以由其余各条语句分别求出控制量 $u_2,\cdots,u_{49}$,则控制量为模糊集合 U,可表示为 $U=u_1+u_2+\cdots+u_{49}$。

表2-1 模糊规则表

U		e						
		NB	NM	NS	ZO	PS	PM	PB
ec	NB	NB	NB	NM	NM	NS	NS	ZO
	NM	NB	NM	NM	NS	NS	ZO	PS
	NS	NM	NB	NS	NS	ZO	PS	PS
	ZO	NM	NS	NS	ZO	PS	PS	PM
	PS	NS	NS	ZO	PS	PS	PM	PM
	PM	NS	ZO	PS	PM	PM	PM	PB
	PB	ZO	PS	PS	PM	PM	PB	PB

（6）模糊推理。模糊推理是模糊控制的核心，它利用某种模糊推理算法和模糊规则进行推理，得出最终的控制量。

（7）反模糊化。通过模糊推理得到的结果是一个模糊集合。但在实际模糊控制中，必须要有一个确定值才能控制或驱动执行机构。将模糊推理结果转化为精确值的过程称为反模糊化。常用的反模糊化方法有如下3 种：

①最大隶属度法。选取推理结果的模糊集合中隶属度最大的元素作为输出值，即 $v_0 = \max \mu_v(v)(v \in V)$。如果在输出论域 V 中，其最大隶属度对应的输出值多于一个，则取所有具有最大隶属度输出的平均值，即 $v_0 = \dfrac{1}{N}\sum_{i=1}^{N} v_i (v_i = \max_{v \in V}(\mu_v(v)))$，式中：$N$ 为具有相同最大隶属度输出的总数。最大隶属度法不考虑输出隶属度函数的形状，只考虑最大隶属度处的输出值，因此难免会丢失许多信息。最大隶属度法的突出优点是计算简单，在一些控制要求不高的场合，可采用最大隶属度法。

②重心法。为了获得准确的控制量，就要求模糊方法能够很好地表达输出隶属度函数的计算结果。重心法是取隶属度函数曲线与横坐标围成面积的重心作为模糊推理的最终输出值，即 $v_0 = \dfrac{\displaystyle\int_V v\mu_v(v)\,\mathrm{d}v}{\displaystyle\int_V \mu_v(v)\,\mathrm{d}v}$。对于具有 m 个输出量化级数的离散域情况有 $v_0 = \dfrac{\displaystyle\sum_{k=1}^{m} v_k\mu_v(v_k)}{\displaystyle\sum_{k=1}^{m} \mu_v(v_k)}$。与最大隶属度法相比较，重心法具有更平滑的输出推理控制。即使对应于输入信号的微小变化，输出也会发生变化。

③加权平均法。工业控制中广泛使用的反模糊方法为加权平均法，输出值由式 $v_0 = \dfrac{\displaystyle\sum_{i=1}^{m} v_i k_i}{\displaystyle\sum_{i=1}^{m} k_i}$ 决定。式中：系数 k_i 的选择根据实际情况而定。不同的系数决定系统具有不同的响应特性。当系数 k_i 取隶属度 $\mu_v(v_i)$ 时，就转化为重心法。

最后需要特别强调的是，反模糊化方法的选择与隶属度函数形状的选择、推理方法的选择相关。Matlab 是模糊控制器仿真的主要软件之一，它提供了 5 种反模糊化方法，分别是：centroid，面积重心法；bisector，面积等分法；mom，最大隶属度平均法；som，最大隶属度取小法；lom，最大隶属度取大法。在 Matlab 中,可通过 setfis() 设置反模糊化方法,通过 defuzz() 执行反模糊化运算。限于本书篇幅,这里不再赘述。

2.6.2　造纸机模糊控制系统的设计与实现

图 2-6 是典型的长网纸机抄造工段的工艺流程图。打浆车间送来的浓纸浆在混合箱与清水混合稀释后形成浓纸浆;经过除沙装置去除浆料中的尘埃和浆团,通过网前箱流布在铜网上。纸浆在铜网上经自然滤水,形成湿纸页,经压辊部脱水后,连续经过两组烘缸干燥,最后经压光作用成为成品纸,由上卷筒卷取。

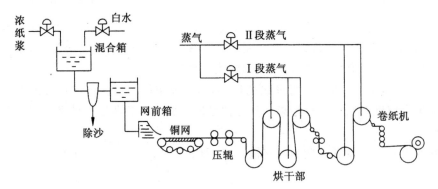

图 2-6　造纸机抄造工艺流程

成纸水分[纸页中含水量(%)]是纸页最重要的质量指标之一。水分过高会导致水分不均匀,容易出现气泡、水斑等各种纸病;水分过低,则会导致纸页发脆,强度减弱,甚至断纸,同时还会多用蒸汽,使能耗增加。如果在工艺允许的条件下,将水分控制在接近国家标准的上限,就可获得明显的经济效益。

在长达 10m 的纸机流程中,影响成纸水分的因素很多,其中最主要的是湿纸页在烘干部的热传递情况和成纸定量水分的耦合。由于蒸汽压力是可测量的,一般将它取为成纸水分的控制变量。烘干部有 3 组共 20 多只直径为 1m 左右的烘缸,要定量准确地描述纸页在烘干过程中的机理是十分困难的,因此,采用模糊控制器控制成纸水分较为合适和可行。

1. 模糊控制器设计

一般地,实时模糊控制器分两个部分来设计,即离线部分和在线部分。模糊控制器的离线设计是以先验知识为基础的,主要步骤包括输入量量化、模糊子集确定、模糊关系矩阵确定、模糊判决、建立输出查询表等。在这里，我们对成纸水分控制的先验知识进行简要的总结，具体如下：

（1）成纸的水分含量必须控制在适当的范围之内，当低于给定值时，就需要补充水分，主要方法有适当降低烘缸温度、向烘缸通入蒸汽等；当高于给定值时，就需要尽量减少水分，主要的方法是升温蒸发。

（2）一般地，当湿纸页通过Ⅰ段烘缸之后水分就会下降很大一部分，通常剩余水分含量不超 10%，这时便可对纸页施胶，然后再进行干燥。故而只要实际水分值与给定值相近，则调节Ⅱ段烘缸的蒸汽量即可。但是，如果实际水分值与给定值之间有较大偏离时，就需要对Ⅰ段、Ⅱ段的烘缸蒸汽量都进行调节。

（3）一般情况下，对于同一烘缸而言，其升温的速度很快而降温的速度则相对慢些，故而在实际操作过程中，关气的速度要高于开气速度。

根据上述先验知识，模糊控制器离线设计可按下述步骤进行：

（1）量化。设 e 和 ec 分别代表偏差和偏差变化率，取其基本论域为 $E=[e_{min}, e_{max}]$ 和 $EC=[ec_{min}, ec_{max}]$，将基本论域量化为 $E \Rightarrow X=\{x_1, x_2, \cdots, x_{p_1}\}$，$EC \Rightarrow Y=\{y_1, y_2, \cdots, y_{p_2}\}$。

（2）确定模糊子集得到量化论域后，对各变量定义模糊子集。令 $X=\{A_i\}_{(i=1,2,\cdots,n)}$ 和 $Y=\{B_j\}_{(j=1,2,\cdots,m)}$，式中：$A_i$ 和 B_j 分别为 X、Y 的模糊子集，可用语言变量 $PB, PM, \cdots, \widetilde{NM}, \widetilde{NB}$ 等表示。对各模糊子集确定量化论域中各元素的隶属函数可得到隶属函数表。以 x 为例，X 的各元素对 $\{A_i\}$ 的隶属函数如表 2-2 所示。设 μ_1、μ_2 分别为Ⅰ段、Ⅱ段蒸汽的控制量，相应的论域为

$$Z_1=\{\widetilde{C_{1k_1}}\}, k_1=1,2,\cdots,l_1 \left.\begin{array}{c}\\\end{array}\right\}$$
$$Z_2=\{\widetilde{C_{2k_2}}\}, k_2=1,2,\cdots,l_2 \left.\begin{array}{c}\\\end{array}\right\} \tag{2-6-1}$$

表 2-2　x_i 对 $\{A_i\}$ 的隶属函数表

A_i	x_1	x_2	$\cdots$	x_i	$\cdots$	x_n
NB	$\mu_{NB}(x_1)$	$\mu_{NB}(x_2)$	$\cdots$	$\mu_{NB}(x_i)$	$\cdots$	$\mu_{NB}(x_n)$
$\vdots$	$\vdots$	$\vdots$	$\vdots$	$\vdots$	$\vdots$	$\vdots$
PB	$\mu_{PB}(x_1)$	$\mu_{PB}(x_2)$	$\cdots$	$\mu_{PB}(x_i)$	$\cdots$	$\mu_{PB}(x_n)$

（3）确定模糊关系与控制输出模糊子集。根据操作经验，设定一组模糊控制规则为

$$\text{if } A_i \text{ then if } B_j \text{ then } C_{1ij} \text{ and } C_{2ij} (i=1,2,\cdots,n;j=1,2,\cdots,m)$$

$$(2\text{-}6\text{-}2)$$

或写成

$$\text{if } A_i \text{ then if } B_j \text{ then } C_{1ij} \text{ and if } A_i \text{ then if } B_j \text{ then } C_{2ij} \quad (2\text{-}6\text{-}3)$$

其模糊关系为

$$\pmb{R}_1 = \bigcup_{i,j} (A_i \times B_j \times C_{1ij}), \pmb{R}_2 = \bigcup_{i,j} (A_i \times B_j \times C_{2ij}) \quad (2\text{-}6\text{-}4)$$

即

$$\left. \begin{array}{l} \mu_{\pmb{R}_1}(x,y,z_1) = \bigvee_{i,j} (\mu_{A_i}(x) \wedge \mu_{B_j}(y) \wedge \mu_{C_{1ij}}(z_1)) \\[2mm] \mu_{\pmb{R}_2}(x,y,z_2) = \bigvee_{i,j} (\mu_{A_i}(x) \wedge \mu_{B_j}(y) \wedge \mu_{C_{2ij}}(z_2)) \end{array} \right\} \quad (2\text{-}6\text{-}5)$$

当给定 $x = A_i, y = B_j$ 时,则由模糊合成规则推理得到

$$\left. \begin{array}{l} C_{1ij} = (A_i \times B_j) \circ R_1 \\[2mm] C_{2ij} = (A_i \times B_j) \circ R_2 \end{array} \right\} \quad (2\text{-}6\text{-}6)$$

即

$$\left. \begin{array}{l} \mu_{C_{1ij}}(z_1) = \bigvee_{i,j} [\mu_{A_i}(x) \wedge \mu_{B_j}(y) \wedge \mu_{R_1}(x,y,z_1)] \\[2mm] \mu_{C_{2ij}}(z_1) = \bigvee_{i,j} [\mu_{A_i}(x) \wedge \mu_{B_j}(y) \wedge \mu_{R_2}(x,y,z_2)] \end{array} \right\} \quad (2\text{-}6\text{-}7)$$

(4)进行模糊判决,并生成控制输出查询表。若采用最大隶属度判决法,由模糊子集 C_{1ij}、C_{2ij} 确定输出 μ 时,即当存在 z_1^*、z_2^*,且 $\mu_{C_{1ij}}(z_1^*) \geqslant \mu_{C_{1ij}}(z_1), \mu_{C_{2ij}}(z_2^*) \geqslant \mu_{C_{2ij}}(z_2)$,则取 $\mu_1^* = z_1^*$ 和 $\mu_2^* = z_2^*$;若有相邻多点同时为最大值时,则 μ^* 取这些点的平均值。

需要强调的是,离线计算(3)与(4)项,便得到控制输出查询表,实时控制时直接查表即可得到 z。

(5)成纸水分模糊控制的通用算法。为了适用于那些烘干部只有一段蒸汽控制水分的纸机,可以先假设成纸水分只由Ⅱ段蒸汽控制,根据式(2-6-4)和式(2-6-5)计算得到 C_{1ij}^*,然后得到量化值 z_2^*。如果由Ⅰ段、Ⅱ段蒸汽同时控制,则实际有

$$z_i = \lambda_i z_2^* \quad (i=1,2) \quad (2\text{-}6\text{-}8)$$

式中:$\lambda \leqslant 1$,为调整因子,可根据实际情况进行调整。

2. 模糊控制器的在线实现

在设计模糊控制系统时,令

$$x = [-6, -5, \cdots, 0, \cdots, +5, +6] (x \in X)$$

$$y=[-6,-5,\cdots,0,\cdots,+5,+6](y\in Y)$$
$$z_1=[-4,-3,\cdots,0,\cdots,+3,+4](z_1\in Z_1)$$
$$z_2=[-7,-6,\cdots,0,\cdots,+6,+7](z_2\in Z_2)$$

此时,偏差 e_i 和偏差变化率 ec_i 都是通过实时采样加较精确的数学计算而得到的,在各自的论域上,它们都是确定量,而且是变化着的。但是,在高分辨率的模糊集上,输入量的变化往往会导致输出结果剧烈变化,使得输出严重失真,故而通常采用低分辨率的模糊集。在这里,我们采用"分段量化"法,该方法的宗旨就是对于不同论域上的偏差 e_i 采用不同的量化公式进行量化,计算公式为

$$-0.7\leqslant e_i<+0.7(x_i=C_{\mathrm{int}}(4*e_i)),$$
$$0.7\leqslant e_i<1.5(x_i=3),$$
$$1.5\leqslant e_i<3.5(x_i=C_{\mathrm{int}}(e_i)),$$
$$3.5\leqslant e_i(x_i=6)。$$

　　根据对称性,对于 $e_i<-0.7$ 的范围,可以依次类推下去。限于本书篇幅,这里不再赘述推导过程。表 2-3 给出了各模糊子集语言变量的描述方法。通过表 2-3 可以看出,对于偏差量 x_i 和偏差变化率 y_i 在各自论域内的可能状态,人们采用了 7 个模糊子集对其进行描述。同理,对于控制变量 z_{1i},采用了 5 个模糊子集对其进行描述;对于控制变量 z_{2i},则采用了 7 个模糊子集对其进行描述。

表 2-3　语言变量描述

变量	集合	模糊子集							论域
x_i	$\underset{\sim}{A_i}$								$x_i\in X$
y_i	$\underset{\sim}{B_i}$	PB	PM				NM	NB	$y_i\in Y$
z_{2i}	$\underset{\sim}{C_{2i}}$			PS	ZE	NS			$z_{2i}\in Z_2$
z_{1i}	$\underset{\sim}{C_{1i}}$	PB					NB		$z_{1i}\in Z_1$

　　对于模糊论域 X、Y、Z_2 上的各元素,规定它对模糊子集 $\{A_i\}$、$\{B_j\}$、$\{C_{2k}\}$ 的隶属函数,其中 $\mu_{\underset{\sim}{A_i}(x)}$ 如表 2-4 所示。并根据式(2-6-4)～式(2-6-7)给出的合成推理规则进行推理运算,最后由最大隶属函数判决原则,可得到供模糊控制器动态控制时在线查询用的模糊控制表,如表 2-5 所示。表 2-5 是假设烘干部只有 Ⅱ 段蒸汽的情况下得到的,要将它用于有两段蒸汽的情况,必须经过变换。取 $\lambda_1=0.5,\lambda_{21}=0.7,\lambda_{22}=0.8$,则

$$z_1 = \lambda_1 z_2^*$$

$$z_2 = \begin{cases} \lambda_{21} z_2^* , & z_2^* > 0 \\ \lambda_{22} z_2^* , & z_2^* \leqslant 0 \end{cases} \tag{2-6-9}$$

式中：λ_{21}、λ_{22}的不同体现了先验知识（3）。由式（2-6-9）和表 2-5 即可得到Ⅰ段、Ⅱ段蒸汽的模糊控制表，见表 2-6。

表 2-4　x_i 对$\{A_i\}$的隶属函数

A_i	x_i												
	−6	−5	−4	−3	−2	−1	0	1	2	3	4	5	6
	$\mu A_{i(x)}$												
PB										0.1	0.4	0.8	1.0
PM								0.2	0.7	1.0	0.7	0.2	
PS						0.3	0.8	1.0	0.5	0.1			
ZE					0.1	0.6	1.0	0.6	0.1				
NS				0.1	0.5	1.0	0.8	0.3					
NM	0.2	0.7	1.0	0.7	0.2								
NB	1.0	0.8	0.4	0.1									

表 2-5　模糊状态表

y_i	x_i						
	NB	NM	NS	ZE	PS	PM	PB
	c_2^*						
NB	PB	PB	PM	PM	PS	ZE	ZE
NM	PB	PB	PM	PM	PS	ZE	ZE
NS	PB	PB	PM	PS	ZE	NM	NM
ZE	PB	PB	PM	ZE	NM	NB	NB
PS	PM	PM	ZE	NS	NB	NB	NB
PM	ZE	ZE	NS	NM	NM	NB	NB
PB	ZE	ZE	NS	NM	NM	NB	NB

表 2-6　模糊控制表

A_i	x_i												
	-6	-5	-4	-3	-2	-1	0	$+1$	$+2$	$+3$	$+4$	$+5$	$+6$
	$\mu_{A_i(x)}$												
-6	$+7$	$+7$	$+7$	$+6$	$+4$	$+4$	$+4$	$+2$	$+1$	$+1$	0	0	0
-5	$+7$	$+7$	$+7$	$+6$	$+4$	$+4$	$+4$	$+2$	$+1$	$+1$	0	0	0
-4	$+7$	$+7$	$+7$	$+6$	$+4$	$+4$	$+4$	$+2$	$+1$	$+1$	0	0	0
-3	$+6$	$+6$	$+6$	$+6$	$+5$	$+5$	$+5$	$+2$	$+2$	0	-2	-2	-2
-2	$+6$	$+6$	$+6$	$+6$	$+4$	$+1$	0	0	-3	-4	-4	-4	-4
-1	$+6$	$+6$	$+6$	$+6$	$+4$	$+4$	$+1$	0	-3	-3	-4	-4	-4
0	$+6$	$+6$	$+6$	$+6$	$+4$	$+1$	0	-1	-4	-6	-6	-6	-6
$+1$	$+4$	$+4$	$+4$	$+3$	-1	0	-1	-4	-4	-6	-6	-6	-6
$+2$	$+4$	$+4$	$+4$	$+2$	0	0	-1	-4	-4	-6	-6	-6	-6
$+3$	$+2$	$+2$	$+2$	0	0	0	-1	-4	-3	-6	-6	-6	-6
$+4$	0	0	0	-1	-1	-3	-4	-4	-4	-6	-6	-7	-7
$+5$	0	0	0	-1	-1	-2	-4	-4	-4	-6	-6	-7	-7
$+6$	0	0	0	-1	-1	-1	-4	-4	-4	-6	-6	-7	-7

一般地,实时控制下模糊控制器的输出为控制量等级 z 与比例因子 k_n 的乘积与原稳态输出值之和,而控制量等级 z 由模糊控制表得到,通常比例因子 k_n 的取值公式为

$$k_n = \begin{cases} \left| \dfrac{J_0}{N_u} \right|, J_0 \geqslant 5\text{mA} \\ \left| \dfrac{10 - J_0}{N_u} \right|, J_0 < 5\text{mA} \end{cases} \qquad (2\text{-}6\text{-}10)$$

式中:J_0 为静态工作点;N_u 为控制量在模糊论域中的最大值。

在小偏差时,为消除余差,应考虑积分作用。整个成纸水分模糊控制系统结构如图 2-7 所示。

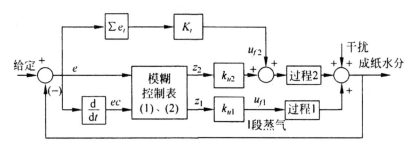

图 2-7　成纸水分控制系统结构

2.6.3　直流调速系统模糊控制器的设计

接下来我们讨论一个由晶闸管控制的直流电动机调速系统模糊控制器的设计。把受控对象直流电动机视为一阶惯性环节,其函数取为 $\dfrac{e^{-0.25s}}{s+1}$。需要设计一个模糊控制器对该调速系统进行控制,允许转速误差为 $\pm\dfrac{2r}{s}$。考虑到本例的设计指标不高,所以模糊控制器的设计可以采用较为简单的系统。

1. 系统结构设计

如图 2-8 所示,给出了直流传动速度控制系统的模糊控制结构图,显然这是一个二维的单输出模糊控制系统。通过图 2-8 可以看出,直流传动速度控制系统中是以 e、ec 和 u 作为输入、输出语言变量的。

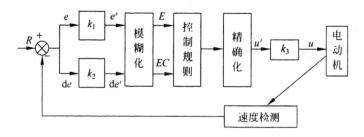

图 2-8　直流传动速度控制系统的模糊控制结构图

2. 模糊化设计

对于语言变量 e、ec 和 u,其各自语言值的个数、各语言值的隶属函数都需要在各自的论域内确定。通常情况下,直流调速模糊控制系统的精度要求并不高,误差变量具有一定的宽裕度,只对其取 NZ(负偏差)和 PZ(正偏差)两个语言值。同理,误差变化率也是如此,只取 NZ(负偏差变化率)和 PZ(正偏差变化率)两个语言值。系统的控制量一般采取增量方式,以期控制效果较快、较好。故而,在对控制量进行模糊化时也需采用增量方式,并在其论域内取 NS(负增量)、ZE(零增量)和 PS(正增量)三个语言值。图 2-9 中的实线给出了三个变量隶属函数的分布情况。

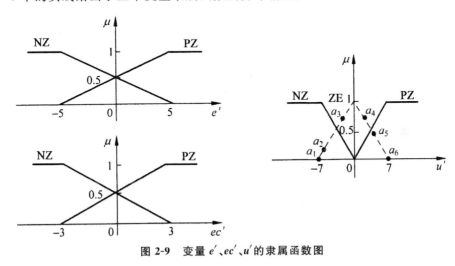

图 2-9　变量 e'、ec'、u' 的隶属函数图

3. 控制器规则设计

与其他类型的模糊控制器一样,直流调速模糊控制系统的控制规则同样是将人的控制经验加以适当的处理而获得的。至于控制规则的多少,则由系统的精度要求、输入变量数目、输出变量数目以及各变量语言值的数目等来决定。比较而言,直流调速模糊控制系统的结构比较简单,控制规则的数目也较少,只有四条,如图 2-10 所示。

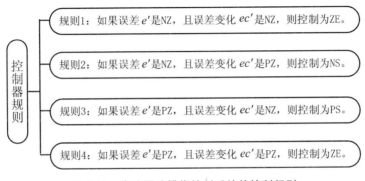

图 2-10　直流调速模糊控制系统的控制规则

综上所述,如果某一时刻,$e'=3$,$ec'=1$,则有 $\mu_{NZ}(3)=0.2$,$\mu_{PZ}(3)=0.8$,$\mu_{NZ}(1)=0.33$,$\mu_{PZ}(1)=0.67$。故而,根据图 2-10 所给的规则 1 可得

$$u'_1=\frac{(\mu_{NZ}(3)\wedge\mu_{NZ}(1))}{ZE}=\frac{0.2}{ZE}$$

根据图 2-10 所给的规则 2 可得

$$u'_2=\frac{(\mu_{NZ}(3)\wedge\mu_{NZ}(1))}{NS}=\frac{0.2}{NS}$$

根据图 2-10 所给的规则 3 可得

$$u'_3=\frac{(\mu_{PZ}(3)\wedge\mu_{NZ}(1))}{PS}=\frac{0.33}{PS}$$

根据图 2-10 所给的规则 4 可得

$$u'_4=\frac{(\mu_{PZ}(3)\wedge\mu_{PZ}(1))}{ZE}=\frac{0.67}{ZE}$$

最后的输出控制增量为 4 条推理结果的合成,即

$$u'=u'_1\bigcup u'_2\bigcup u'_3\bigcup u'_4=\frac{0.2}{NS}+\frac{0.67}{ZE}+\frac{0.33}{PS}$$

此时,由模糊控制器推理得出的模糊控制增量 u' 的形状如图 2-9 中的的虚线所示。

4. 精确化计算

由前文的讨论可以看出,模糊控制增量是通过模糊控制推理机制得到的,它是一个模糊子集。要想精确地模拟或控制系统,靠这个模糊子集是无法实现的。故而,还必须进行精确化的计算,从而将这个模糊子集内最有代表意义的确定值找出来,只有这些确定值才能真正作为系统的控制输出。这里采用重心法进行精确化计算。为便于计算,取有限个点进行计算,并认为控制增量 PS 大于 7 和 NS 小于 -7 部分的面积可以抵消。则离散点就选择点线的拐点处($a_1=-7$,$a_2=-5.6$,$a_3=-2.31$,$a_4=2.31$,$a_5=4.69$,$a_6=7$)进行计算,即

$$u'=\frac{\sum\limits_{i=1}^{6}a_iu_i}{\sum\limits_{i=1}^{6}a_i}$$

$$=\frac{0.2\times(-7)+0.2\times(-5.6)+0.67\times(-2.31)+0.67\times2.31+0.33\times4.69+0.33\times7}{0.2+0.2+0.67+0.67+0.33+0.33}$$

$$=0.56$$

2.7　自适应模糊控制

自适应模糊控制实际上是传统的自适应控制和模糊控制的融合,为了实现自适应模糊控制,一般需要模糊系统辨识。因此,本节首先简要介绍模糊系统辨识的基本内容,然后讨论自适应模糊控制中常用的模型参考模糊自适应控制的结构及原理。

2.7.1　模糊系统的辨识

Zadeh 曾指出,系统辨识是在对输入和输出观测的基础上,在指定的一类系统中,确定一个与被识别的系统等价的系统。系统辨识实际上是对复杂动态系统建立模型的一种方法,系统辨识又称为系统建模,模糊系统辨识又称为模糊系统建模,或称模糊系统预测。传统的系统辨识方法是基于精确数学模型的方法,要对一个复杂被控动态过程建立精确的数学模型是很困难的。而模糊系统辨识是基于模糊模型的方法,所谓模糊模型,是指描述动态系统特性的一组模糊条件语句。模糊规则主要有 Mamdani 模糊模型和 T-S 模糊模型两种形式。因此,通过模糊系统辨识也有基于模糊关系模型的系统辨识和基于 T-S 模糊模型的模糊系统辨识两种形式。这里只简要介绍基于模糊关系模型的系统辨识方法。

1. 基于模糊关系模型的描述

一个模糊关系模型是指描述系统特性的一组模糊规则,其中模糊规则形式为

$$\text{if } u(t-k)=A \text{ or } B \text{ and } y(t-l)=C \text{ or } D \text{ then } y(t)=E \quad (2\text{-}7\text{-}1)$$

其中:A 和 B 为输入空间 U 中的模糊集合;C、D 和 E 为输出空间 Y 中的模糊集合。在式(2-7-1)中,如果取 $k=l=1$,则该式表达的意义是根据 $(t-1)$ 时刻的输入与输出的测量值来预测 t 时刻输出的测量值。式(2-7-1)中的每一条规则,可以根据模糊集合运算规则写成

$$E=u(t-k)\circ[(A+B)\times E] \cdot y(t-1)\circ[(C+D)\times E] \quad (2\text{-}7\text{-}2)$$

根据每一条规则以及已知的 $u(t-k)$ 和 $y(t-l)$,可计算出相应的一个 E。若系统的特性由 p_1 条规则描述,则模糊变量 $y(t)$ 的值可以写为

$$y(t)=E_1+E_2+\cdots+E_{p_1} \quad (2\text{-}7\text{-}3)$$

式(2-7-2)及式(2-7-3)中的符号"$\circ$""$+$""$\times$""$\cdot$"分别表示模糊集合的"合成""并""直积"及"交"运算。若式(2-7-2)中的系统输入和系统输出的

测量值分别为 $u(t-k)=u_i$ 和 $y(t-l)=y_j$，则它们的隶属函数值为

$$\left.\begin{array}{l} \mu_{u(t-k)}=(0,\cdots,0,1,0,\cdots,0) \\ \qquad\cdots i\cdots \\ \mu_{y(t-l)}=(0,\cdots,0,1,0,\cdots,0) \\ \qquad\cdots j\cdots \end{array}\right\} \tag{2-7-4}$$

利用式(2-7-4)可将式(2-7-2)加以简化，即

$$E=\min\{\max[\mu_A(i),\mu_B(i)];\max[\mu_C(j),\mu_D(j)];\mu_E\} \tag{2-7-5}$$

式中：$\mu(i)$ 和 $\mu(j)$ 分别表示第 i 和第 j 个元素的隶属函数的值。

由式(2-7-3)计算得到的 $y(t)$ 是一个模糊集合，通过清晰化处理可以得到其精确值。不难看出，上述模糊关系模型的推理过程与二维模糊控制器的推理过程是相同的。

2. 模糊关系模型的品质指标

衡量模糊模型的品质指标有以下两条：

(1)建立模糊模型的规则条数的多少反映了模糊算法的复杂程度。因此，式(2-7-3)中的规则条数 p_1 作为衡量模糊模型复杂程度的一个品质指标。规则条数越少，计算越简单；反之，条数越多，精度越高，但运算越复杂。所以，选取规则条数的多少要权衡。

(2)衡量模糊模型精确性的指标，可选取测量值 $y(t)$ 与输出预测值 $\hat{y}(t)$ 之差的均方值，即

$$p_2=\frac{1}{L}\sum_{t=1}^{L}[y(t)-\hat{y}(t)]^2 \tag{2-7-6}$$

其中，L 为总的量测次数。

3. 基于模糊关系模型的系统辨识方法

通过系统辨识建立模糊关系模型包括如下 3 方面的工作：

(1)有效地量化处理系统的输入测量值和输出测量值，并依据处理结果建立输入空间 U 与输出空间 Y，在 U 和 Y 中分别选择合适的模糊集合 B_i 和模糊集合 C_i，然后借助系统输入测量值和输出测量值变化的特性进一步得出模糊集合 B_i 和 C_i 的隶属函数值。特别地，当 $U=Y=R$ 且为实数值时，模糊集合 B_i 和 C_i 的隶属函数一般采用正态分布。

(2)确定模糊关系模型的结构 $[u(t-k),y(t-l),y(t)]$。根据模糊模型的结构表达式可以看出，确定模糊关系模型的结构就是要确定参数 k 和 l 的值。要确定这两个参数，第一步工作就是模糊化处理输入数据和输出数据，得到相应的模糊集合。设输入的测量值 $u(t-k)$ 满足关系式

$$\mu_{B_1}(u) = \max\left[\mu_{B_1}(u), \mu_{B_2}(u), \cdots, \mu_{B_m}(u)\right] \quad (2\text{-}7\text{-}7)$$

则模糊变量 $u(t-k)$ 的值取为 B_i。若输出测量值 $y(t-l)$ 或 $y(t)$ 满足

$$\mu_{C_i}(y) = \max\left[\mu_{C_1}(y), \mu_{C_2}(y), \cdots, \mu_{C_m}(y)\right] \quad (2\text{-}7\text{-}8)$$

则模糊变量 $y(t-l)$ 或 $y(t)$ 的值为 C_i。于是输入、输出测量值 $u(1)$，$y(1); u(2), y(2); \cdots; u(i), y(i); \cdots B_{i1}; C_{i1}; C_{i2}; \cdots; B_{ii}; C_{ii}; \cdots$ 均变成模糊集合。根据对上述模糊集合通过使用计算机进行相关性实验即可确定模型的结构。

(3)建立模糊关系模型。设模型的结构已确定为 $[u(t-k), y(t-l), y(t)]$，则可以获得一组模糊规则，即

$$\text{if } u(t-k) = B_{k1} \text{ and } y(t-l) = C_{l1} \text{ then } y(t) = C_{j1}$$
$$\text{if } u(t-k) = B_{k2} \text{ and } y(t-l) = C_{l2} \text{ then } y(t) = C_{j2}$$
$$\cdots$$
$$\quad (2\text{-}7\text{-}9)$$
$$\text{if } u(t-k) = B_{ki} \text{ and } y(t-l) = C_{li} \text{ then } y(t) = C_{ji}$$

对于获得的上述规则还需要进行必要的处理：对重复的规则只保留一条；对既不完全相同又不相矛盾的规则作适当的合并处理；对于相互矛盾的规则，或保留规则出现次数多的，忽略出现少的规则，或将出现次数基本相同的规则做适当的合并处理。由于在输入空间 U 内，有 m 个模糊集合，而在输出空间 Y 中，有 n 个模糊集合，故而模糊规则总数为 $p_1 = m \times n$。于是，只要通过正确有效的处理手段将这 p_1 条规则确定下来，那么系统的预测模糊模型也就被确定了。

一般地，在输入测量值和输出测量值已知的前提下，结合上述所得的 p_1 条模糊规则，在按照式(2-7-3)和式(2-7-5)提供的算法，即可求得预测值 $y(t)$。如果事先对输入空间 U 和输出空间 Y 的不同点 u_i 和 y_i 用计算机计算出由 $u(t-k)$ 和 $y(t-l)$ 的测量值来预测 $y(t)$ 的表格，则可以把预测值的计算过程转化为查表过程。

2.7.2　自适应模糊控制的基本原理

20 世纪 50—60 年代，由于经典控制难以满足飞机、火箭及卫星高控制性能的要求，需要一种能自动地适应被控对象变化特性的高性能控制器——自适应控制器。为了使被控制对象按预定规则运行，采用了负反馈控制，一个自然的想法是，当控制器的控制性能不满足要求时，也采用负反馈控制思想对控制器自身进行控制，以改善或提高控制性能，这就是自适应控制的基本思想。

直接自适应控制原理如图 2-11 所示，它在基本反馈控制系统的基础上

增加了一个自适应机构,它从原控制系统获取信号,即使在控制性能变化时也能够自适应修改控制器参数使控制性能保持不变。间接自适应控制原理如图 2-12 所示,它通过在线辨识对象的参数,进而利用辨识后的参数通过参数校正器调整控制参数,以不断改善和提高控制性能。

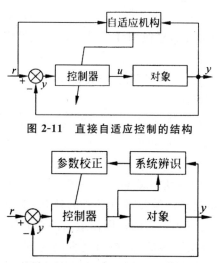

图 2-11　直接自适应控制的结构

图 2-12　间接自适应控制的结构

　　直接自适应控制的典型代表是模型参考自适应控制(MRAC),而间接自适应控制又称为自校正控制(STC)。在传统自适应控制中引入模糊逻辑推理系统,或充当自适应机构,或充当对象模型,或充当控制器,或兼而有之,形成了不同形式的自适应模糊控制,或称模糊自适应控制。

　　自适应模糊控制器是在基本模糊控制器的基础上,增加了以自适应机构,其结构如图 2-13 所示,图中虚线框内的自适应机构包括 3 个功能块,分别为性能测量、控制量校正和控制规则修正。

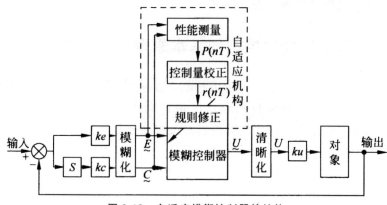

图 2-13　自适应模糊控制器的结构

上述方法对于单输入、单输出且对计算时间并不苛求的系统还是可行的。对于多输入、多输出系统,则由于关系矩阵太大,计算机往往难以存储及运算。

2.7.3　模型参考自适应模糊控制

1. 模型参考自适应模糊控制原理

模型参考自适应系统源于把人类行为的自适应以及因果推理(因果律)的概念移植到控制领域。因果推理模型是表现人自适应特性的推理过程的一般模式。因果律模型表征了原因与结果之间的定性联系,人们通过把模型与真实情况相比较,用自适应机构代替人去修改参数或控制策略以获得接近期望输出的过程,便形成了自适应模型跟踪控制系统。模型参考自适应模糊控制系统的基本结构如图 2-14 所示,它包括如下 3 个基本组成部分:

(1)参考模型。用于描述被控对象动态特性或表示一种理想的动态模型。

(2)被控子系统。包括被控对象、前馈控制器和反馈控制器,如图 2-14 中的虚线框部分。

(3)自适应机构。根据被控对象实际输出 y_p 和参考模型输出 y_m 之差 e 及其变化 $\dot{e}$(一元函数情况下为 e')来对前馈控制器和反馈控制器的控制参数进行调整,使得 $e = y_m - y_p \rightarrow 0$。

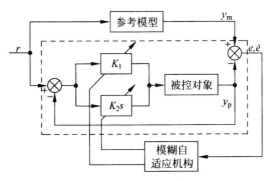

图 2-14　模型参考自适应模糊控制器的结构

2. 模糊自适应机构设计方法

一般地,模糊自适应机构设计方法有如下两种形式:

(1)基于模糊关系模型设计模糊自适应机构。基于模糊关系模型的设计过程类似于模糊控制查询表的设计步骤,限于本书篇幅,这里不再赘述。

（2）基于 T-S 模糊模型设计模糊自适应机构。模型参考模糊自适应系统的一般结构可表示为图 2-15 的形式，其中被控子系统是一个包含被控对象在内的闭环子系统，模糊自适应机构根据参考模型输出与被控子系统输出之差及其变化，产生一个模糊自适应信号，控制被控子系统的输出趋于参考模型的输出。

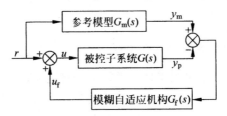

图 2-15　模型参考自适应模糊控制器的结构

第 3 章　基于神经网络的智能控制

　　基于神经网络的智能控制又称为神经控制,它是在连接机制上模拟人脑右半球形象思维和神经推理功能的神经计算模型。神经元是构成神经网络的最小单元,它在细胞水平上模拟智能。神经元模型、神经网络模型和学习算法构成了神经网络的三要素。本章我们就针对基于神经网络的智能控制展开系统性的讨论。

3.1　生物神经元与人工神经元模型

3.1.1　生物神经元

　　生物神经元也称神经细胞,是构成神经系统的基本单元。神经元的形态与功能多种多样,其典型结构如图 3-1 所示,一个完整的神经元主要包括以下几个部分:

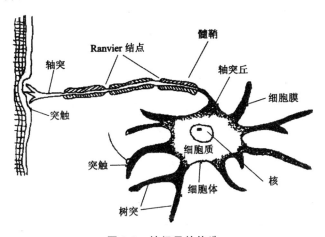

图 3-1　神经元的构造

　　(1)细胞体。主要由细胞核、细胞质和细胞膜等组成。
　　(2)轴突。由细胞体向外伸出的最长的一条分支,称为轴突,即神经纤维。轴突相当于细胞的传输电缆,其端部的许多神经末梢为信号的输出端,用以送出神经激励。

(3)树突。由细胞体向外伸出的其他许多较短的分支,称为树突。它相当于神经细胞的输入端,用于接受来自其他神经细胞的输入激励。

(4)突触。细胞与细胞之间(即神经元之间)通过轴突(输出)与树突(输入)相互连接,其接口称为突触,即神经末梢与树突相接触的交界面,每个细胞约有 $10^3 \sim 10^4$ 个突触。突触有两种类型,即兴奋型与抑制型。

(5)膜电位。细胞膜内外之间有电势差,约为 $70 \sim 100 \mathrm{mV}$,膜内为负,膜外为正。

3.1.2 人工神经元模型

由于人类目前对于生物神经网络的了解甚少,因此,人工神经网络远没有生物神经网络复杂,只是生物神经网络高度简化后的近似。生物神经元经抽象后,可得到如图 3-2 所示的一种人工神经元模型。它有连接权、求和单元、激发函数和阈值 4 个基本要素,详述如下:

(1)连接权。在人工神经网络中,各人工神经元之间也有类似于生物神经的连接,而连接强度则由连接权来表征,其功能与生物神经元的突触类似。如图 3-2 所示,其中的 $\omega_{k1}, \omega_{k2}, \cdots, \omega_{kn}$ 即代表连接权,且连接权的权值具有十分明显的意义。当其为正值时,表示该人工神经元被激发;当其为负值时,则表示该人工神经元被抑制。

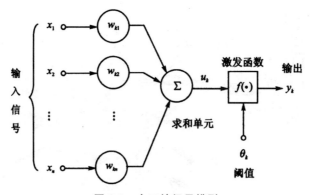

图 3-2 人工神经元模型

(2)求和单元。在人工神经网络中,求和单元的基本功能是完成对各输入信号的加权和的求取,这里的加权和本质上是一种线性组合。

(3)激发函数。在人工神经网络中,激发函数的主要作用有两种,其一是完成非线性映射,其二则是限制人工神经元的输出幅度,使其保持在一定的范围之内,通常为 $(0,1)$ 或 $(-1,1)$ 之间。人工神经元的激发函数有多种形式,最常见的有阶跃型、线性型、S 型和径向基函数型四种形式。它们的表达式和函数曲线分别见表 3-1 和图 3-3。

表 3-1　常见激发函数表达式

激发函数名称	表达式
阶跃型	$f(u_k) = \begin{cases} 1, u_k > 0 \\ 0, u_k \leqslant 0 \end{cases}$
线性型	$f(u_k) = cu_k$
S 型	$f(u_k) = \dfrac{1}{1 + e^{-cu_k}}$
径向基函数	$f(u_k) = e^{-\frac{(u_k - c_k)^2}{\sigma^2}}$

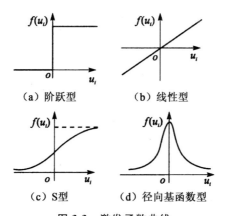

（a）阶跃型　　　（b）线性型

（c）S 型　　　（d）径向基函数型

图 3-3　激发函数曲线

　　(4)阈值。阈值的作用是使激发函数的图形可以左右移动,增加解决问题的可能性,有时也称为偏差。其作用可用一数学公式表示,即

$$\left. \begin{aligned} u_k &= \sum_{j=1}^n \omega_{kj} x_j \\ v_k &= u_k - \theta_k \\ y_k &= f(v_k) \end{aligned} \right\} \tag{3-1-1}$$

式中: $x_1, x_2, \cdots, x_n$ 表示输入信号,其作用与生物神经元中的树突相当; ω_{k1}, $\omega_{k2}, \cdots, \omega_{kn}$ 表示神经元 k 的权值; u_k 表示线性组合的结果,即加权和; θ_k 表示阈值; $f(\cdot)$ 表示激发函数,其作用是完成非线性映射和限制输出幅度; y_k 表示神经元 k 的输出值,其作用与生物神经元的轴突相当。

人工神经网络由大量的人工神经元相互"连接"而成,各人工神经元之间相互作用即可实现信息在整个网络中的传递与处理。人工神经网络的信息处理方式为并行的,可以大规模地进行。同时,人工神经网络可以通过其各神经元的互连分布形式来实现信息的存储,而连接权权值的动态演化则可实现系统的学习与识别,这也同生物神经系统相类似。

3.2　神经网络的定义和特点

神经网络系统是由大量的神经元组成的有机体系,它是一个高度复杂的非线性动力学系统,不但具有一般非线性系统的共性,更主要的是它还具有自己的特点,总结起来,神经网络系统具有以下基本特性:

(1)神经元网络能逼近任意 L_2 范数上的非线性函数,在解决非线性控制问题方面有很大的前景。

(2)信息的并行分布式处理与存储。神经元具有高度平行的结构,这使它本身可以平行实现,因此比常规方法有更大的容错能力。

(3)具有比较强的学习能力,对环境变化具有较强的适应性。

(4)便于采用集成电路或计算机技术实现,而且属于多变量系统。

(5)数据融合。神经网络可以同时对定性和定量的数据进行操作,在这方面,神经网络正好是传统工程系统和人工智能领域信息处理技术之间的桥梁。

3.3　典型神经网络模型

自 1957 年 Frank Rosenblatt 构造了第一个人工神经网络模型感知机以来,到现在神经网络模型已有上百种。其中,有 10 多种比较常见。限于本书篇幅,这里主要就感知机神经网络、BP 神经网络、RBF 神经网络和 Hopfield 神经网络展开讨论。

3.3.1　感知机神经网络

感知机(Perceptron)是由美国学者 F. Rosenblatt 于 1957 年提出的,它是一个具有单层计算单元的神经网络,并由线性阈值元件组成,如图 3-4 所示。当其输入的加权和大于或等于阈值时,输出为 1,否则为 0 或 −1。它

的权系 W 可变,这样它就可以学习。原始的 Perceptron 算法只有一个输出节点,它相当于单个神经元。它在神经网络研究中有着重要的意义和地位,它不但引起了众多学者对神经网络研究的兴趣,推动了神经网络研究的发展,而且后来的许多神经网络模型都是在这种指导思想下建立的,或者是这种模型的改进和推广。下面来讨论感知机学习算法。

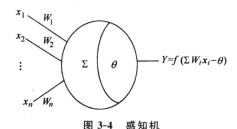

图 3-4　感知机

为方便起见,将阈值 θ(它也同样需要学习)并入 W 中,令 $W_{n+1}=-\theta$,$\boldsymbol{X}$ 向量也相应地增加一个分量 $x_{n+1}=1$,这样输出 $Y=f\left(\sum_{i=1}^{n+1}W_ix_i\right)$。具体算法如下:

(1)给定初始值。赋给 $W_i(0)$ 各一个较小的随机非零值,这里 $W_i(t)$ 为 t 时刻第 i 个输入的权($1\leqslant i\leqslant n$),$W_{n+1}(t)$ 为 t 时刻的阈值。

(2)输入一样本 $\boldsymbol{X}=(x_i,\cdots,x_n,1)$ 和它的希望输出 d。

(4)计算实际输出 $Y(t)=f\left(\sum_{i=1}^{n+1}W_i(t)x_i\right)$。

(5)修正权 W。修正公式为 $W_i(t+1)=W_i(t)+\eta[d-Y(t)]x_i$($i=1,2,\cdots,n+1$),式中:$0<\eta\leqslant 1$ 用于控制修正速度。通常 η 不能太大,因为太大会影响 $W_i(t)$ 的稳定,η 也不能太小,因为太小会使 $W_i(t)$ 的收敛速度太慢;若实际输出与已知的输出值相同,$W_i(t)$ 不变。

(6)转到(2)直到 W 对一切样本均稳定不变或稳定在一个精度范围内为止。

3.3.2　BP 神经网络

1.BP 神经网络的基本结构

BP 神经网络由输入层、输出层和隐含层组成。其中,隐含层可以为一层或多层。如图 3-5 所示,是含有一层隐含层 BP 神经网络的典型结构图。BP 神经网络在结构上类似于多层感知机,但两者侧重点不同。

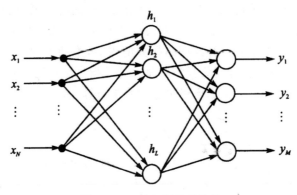

图 3-5　BP 神经网络的结构

2. BP 学习算法

BP 学习算法的基本思想是,通过一定的算法调整网络的权值,使网络的实际输出尽可能接近期望的输出。在本网络中采用误差反传(BP)算法来调整权值。

假设有 m 个样本 $(\hat{X}_h, \hat{Y}_h)(h=1,2,\cdots,m)$,将第 h 个样本的 $\hat{X}_h$ 输入网络,得到的网络输出为 Y_h,则定义网络训练的目标函数为 $J=\dfrac{1}{2}\sum\limits_{h=1}^{m}\|\hat{Y}_h-Y_h\|^2$。网络训练的目标是使 J 最小,其网络权值 BP 训练算法可描述为 $\omega(t+1)=\omega(t)-\eta\dfrac{\partial J}{\partial\omega(t)}$,式中:$\eta$ 为学习率。针对 $\omega_{jk}^{(2)}$ 和 $\omega_{ij}^{(1)}$ 的具体情况,训练算法可分别描述为 $\omega_{jk}^{(2)}(t+1)=\omega_{jk}^{(2)}(t)-\eta_1\dfrac{\partial J}{\partial\omega_{jk}^{(2)}(t)}$,$\omega_{ij}^{(1)}(t+1)=\omega_{ij}^{(1)}(t)-\eta_2\dfrac{\partial J}{\partial\omega_{ij}^{(1)}(t)}$。令 $J=\dfrac{1}{2}\|\hat{Y}_h-Y_h\|^2$,则 $\dfrac{\partial J}{\partial\omega}=\sum\limits_{h=1}^{m}\dfrac{\partial J_h}{\partial\omega}$,$\dfrac{\partial J_h}{\partial\omega_{jk}^{(2)}}=\dfrac{\partial J_h}{\partial Y_{hk}}\dfrac{\partial Y_{hk}}{\partial\omega_{jk}^{(2)}}=-(\hat{Y}_{hk}-Y_{hk})Out_j^{(2)}$,式中:$Y_{hk}$ 和 $\hat{Y}_{hk}$ 分别为第 h 组样本的网络输出和样本输出的第 k 个分量。而且有

$$\frac{\partial J_h}{\partial\omega_{ij}^{(1)}}=\sum_{k}\frac{\partial J_h}{\partial Y_{hk}}\frac{\partial Y_{hk}}{\partial Out_j^{(2)}}\frac{Out_j^{(2)}}{\partial In_j^{(2)}}\frac{\partial In_j^{(2)}}{\partial\omega_{ij}^{(1)}}=-\sum_{k}(\hat{Y}_{hk}-Y_{hk})\omega_{jk}^{(2)}\varphi'Out_i^{(1)}。$$

上述训练算法可以总结如下:

(1)依次取第 h 组样本 $(\hat{X}_h,\hat{Y}_h)(h=1,2,\cdots,m)$,将 $\hat{X}_h$ 输入网络,得到网络输出 Y_h。

(2)计算 $J=\dfrac{1}{2}\sum\limits_{h=1}^{m}\|\hat{Y}_h-Y_h\|^2$,如果 $J<\varepsilon$,退出训练;否则,进行第(3)~(5)步。

(3)计算 $\dfrac{\partial J_h}{\partial \omega}(h=1,2,\cdots,m)$。

(4)计算 $\dfrac{\partial J}{\partial \omega}=\displaystyle\sum_{h=1}^{m}\dfrac{\partial J_h}{\partial \omega}$。

(5) $\omega(t+1)=\omega(t)-\eta\,\dfrac{\partial J}{\partial \omega(t)}$,修正权值,返回(1)。

3.3.3　径向基神经网络

前向网络的 BP 算法可以看作递归技术的应用,属于统计学中的随机逼近方法。此外,还可以把神经网络学习算法的设计看作是一个高维空间的曲线拟合问题。这样,学习等价于寻找最佳拟合数据的曲面,而泛化等价于利用该曲面对测试数据进行插值。1985 年,Powell 首先提出了实多变量插值的径向基函数(RBF)方法。1988 年,Broombead 和 Lowe 将 RBF 用于神经网络设计,而 Moody 和 Darken 提出了具有代表性的 RBF 网络学习算法。

1.RBF 神经网络模型

如图 3-6 所示,给出了一个三层结构的 RBF 网络模型,包括输入层、隐层(径向基层)和输出层(线性层),其中每一层的作用各不相同。输入层由信号源结点组成,仅起到传入信号到隐层的作用,可将输入层和隐层之间看作连接权值为 1 的连接;隐层通过非线性优化策略对激活函数的参数进行调整,完成从输入层到隐层的非线性变换;输出层采用线性优化策略对线性权值进行调整,完成对输入层激活信号的响应。

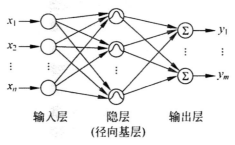

图 3-6　RBF 网络的三层结构

2.RBF 网络的工作原理

RBF 网络隐层的每个神经元实现一个径向基函数(RBF),这些函数被称为核函数,通常为高斯型核函数。当输入向量加到输入端时,隐层每一个单元都输出一个值,代表输入向量与基函数中心的接近程度。隐层的各神经元在输入向量与 RBF 的中心向量接近时有较大的反应,也就是说,各个 RBF 只对特定的输入有反应。

3.RBF 网络的学习算法

RBF 网络学习算法需要求解 3 个参数,即基函数中心、宽度和隐层到输出层的权值。径向基函数通常采用高斯函数,根据对径向基函数中心选取方法的不同,提出了多种 RBF 网络学习算法,其中 Moody 和 Darken 提出的两阶段学习算法较为常用。第一阶段为非监督学习,采用 K-均值聚类法决定隐层的 RBF 的中心和方差;第二阶段为监督学习,利用最小二乘法计算隐层到输出层的权值。RBF 神经网络的激活函数通常采用的高斯函数为

$$G_j(x-c_j) = e^{-\frac{1}{2\sigma_j^2}\|x-c_j\|^2}$$

其中:x 是输入向量;c_j 是第 j 个神经元的 RBF 中心向量;σ_j 是第 j 个 RBF 的方差;$\|\cdot\|$ 表示欧氏范数。RBF 神经网络的输出为

$$y_k(x) = \sum_{j=1}^{J} \omega_{kj} G_j(x-c_j) \quad (j=1,2,\cdots,J)$$

实现 RBF 网络学习算法的具体步骤如下:

(1)随机选取训练样板数据作为聚类中心向量初始化,确定 J 个初始聚类中心向量。

(2)将输入训练样板数据 x_i 按最邻近聚类原则选择最近的聚类 j^*,且

$$c_{j^*} = \arg \min_j x - c_j$$

(3)聚类中心向量更新。若全部聚类中心向量不再发生变化,则所得到的聚类中心即为 RBF 网络最终基函数中心,否则返回(2)。

(4)采用较小的随机数对隐层和输出层间的权值初始化。

(5)利用最小二乘法计算隐层和输出层之间神经元的连接权值 ω_{kj}。

(6)权值更新。首先求出各输出神经元中的误差

$$e_k = d_k - y_k(x)$$

其中,d_k 是输出神经元 k 的期望输出。然后,再更新权值为

$$\omega_{kj}^{new} = \omega_{kj}^{old} + \eta e_k G_j(x-c_j)$$

其中,η 是学习率。

(7)若满足终止条件,结束。否则返回(5)。

4.RBF 神经网络的特点

RBF 网络同 BP 网络一样,都能以任意精度逼近任意连续函数。由于

BP 网络的隐层结点使用的 Sigmoid 函数值在输入空间无穷大范围内为非零值,具有全局性。而 RBF 网络隐层结点使用的是高斯函数,使得 RBF 神经网络是一个局部逼近网络。RBF 网络比 BP 网络的学习速度更快,这是因为 BP 网络必须同时学习全部权值,而 RBF 网络一般分两段学习,各自都能实现快速学习。

3.3.4 Hopfield 神经网络

感知机神经网络、BP 神经网络与径向基函数神经网络都属于前向型神经网络(或前馈神经网络)。在这类网络中,各层神经元节点接收前一层输入的数据,经过处理输出到下一层,数据正向流动,没有反馈连接。从控制系统的观点看,它缺乏系统动态性能。反馈神经网络的输出除了与当前输入和网络权值有关以外,还与网络之前的输入有关。反馈神经网络具有比前向型神经网络更强的计算能力,最突出的优点是具有很强的联想记忆和优化计算功能。典型的反馈神经网络有 Hopfield 神经网络、Elman 神经网络、CG 网络模型、盒中脑模型和双向联想记忆等。这里我们重点论述 Hopfield 神经网络。在 1982 年和 1984 年,美国加州理工学院 John Hopfield 教授先后提出了离散型和连续型 Hopfield 神经网络,引入"能量函数"的概念,给出了连续型 Hopfield 神经网络的硬件电路,同时开拓了神经网络用于联想记忆和优化计算的新途径。

1. Hopfield 神经网络的基本结构

最初提出的 Hopfield 网络是离散型网络,输出只能取 0 或 1,分别表示神经元的抑制和兴奋状态。离散型 Hopfield 神经网络的结构如图 3-7 所示。通过该图容易发现,离散型 Hopfield 神经网络是一个单层网络,其中包含神经元节点的个数为 n。对于每个节点而言,其输出都和其他神经元的输入相连接,而且其输入又和其他神经元的输出相连接。对于每一个神经元节点,其工作方式仍同之前一样,即

$$\left.\begin{array}{l} s_i(k) = \sum \omega_{ij} x_j(k) - \theta_i \\ x_i(k+1) = f(s_i(k)) \end{array}\right\} \tag{3-3-1}$$

式中:$\omega_{ij} = 0$;θ_i 为阈值;$f(\cdot)$ 是变换函数。对于离散 Hopfield 网络,$f(\cdot)$ 通常为二值函数,1 或 -1,0 或 1。

1984 年,Hopfield 采用模拟电子线路实现了 Hopfield 网络。该网络的输出层采用连续函数作为传输函数,被称为连续型 Hopfield 网络。连续型 Hopfield 网络的结构和离散型 Hopfield 网络的结构相同。不同之处在于

其传输函数不是阶跃函数或符号函数,而是 S 型的连续函数。对于连续型 Hopfield 网络的每一神经元节点,其工作方式为

$$\left. \begin{array}{l} s_i = \sum_{j=1}^{n} \omega_{ij} x_j - \theta_j \\ \dfrac{\mathrm{d} y_i}{\mathrm{d} t} = -\dfrac{1}{\tau} y_i + s_i \\ x_i = f(y_i) \end{array} \right\} \qquad (3\text{-}3\text{-}2)$$

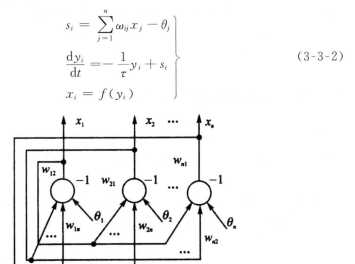

图 3-7 离散型 Hopfield 神经网络结构

2. Hopfield 神经网络的工作方式

一般地,离散型 Hopfield 网络的工作方式有以下两种:

(1)异步方式。这种工作方式的基本特点是任意时刻都仅有一个神经元改变状态,而网络中的其余神经元均保持原有状态,既不输出也不输入,人们又将该方式称为串行工作方式。在异步方式下,神经元的选择既可以采用随机方式,也可以人为设置预定顺序。例如,当第 i 个神经元处于工作点时,整个网络的状态变化方式为

$$\left. \begin{array}{l} x_i(k+1) = f\left(\sum_{j=1}^{n} \omega_{ij} x_j(k) - \theta_i\right) \\ x_j(k+1) = x_j(k), j \neq i \end{array} \right\} \qquad (3\text{-}3\text{-}3)$$

(2)同步方式。这种工作方式的基本特点是在某一时刻可能有 n_1 $(0 < n_1 \leqslant n)$ 个神经元同时改变状态,而网络中的其余神经元均保持原有状态,既不输出也不输入,人们又将该方式称为并行工作方式。与异步方式相同,神经元的选择既可以采用随机方式,也可以人为设置预定顺序。当 $n_1 = n$ 时,称为全并行方式,此时所有神经元都按照式(3-3-1)改变状态,即

$$x_i(k+1) = f\left(\sum_{j=1}^{n} \omega_{ij} x_j(k) - \theta_i\right) (i = 1, 2, \cdots, n)$$

连续型 Hopfield 网络在时间上是连续的,所以网络中各神经元是并行

工作的。对连续时间的 Hopfield 网络,反馈的存在使得各神经元的信息综合不仅具有空间综合的特点,而且有时间综合的特点,并使得各神经元的输入、输出特性为一动力学系统。当各神经元的激发函数为非线性函数时,整个连续型 Hopfield 网络为一个非线性动力学系统。一般地,人们总是倾向于采用非线性微分方程来对连续的非线性动力学系统进行数学描述。如图 3-8 所示,给出了连续型 HopfieId 网络的硬件实现方案,该方案提供的电路可以快速地自动求解前述非线性微分方程,准确率十分可观。

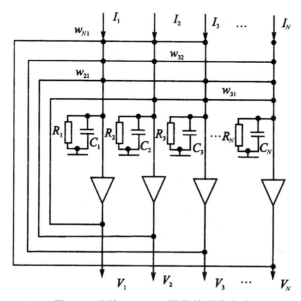

图 3-8　连续 HopfieId 网络的硬件实现

一般地,若网络的状态 x 满足 $x = f(\boldsymbol{W}x - \boldsymbol{\theta})$,则称 x 为网络的吸引子或稳定点。连续型 Hopfield 网络的能量函数可定义为

$$E = -\frac{1}{2}\sum_{i=1}^{n}\sum_{j=1}^{n}\omega_{ij}x_jx_i + \sum_{i=1}^{n}x_i\theta_i + \sum_{i=1}^{n}\frac{1}{\tau_i}\int_0^{x_i}f^{-1}(\eta)\mathrm{d}\eta$$

$$= -\frac{1}{2}\boldsymbol{x}^{\mathrm{T}}\boldsymbol{W}\boldsymbol{x} + \boldsymbol{x}^{\mathrm{T}}\boldsymbol{\theta} + \sum_{i=1}^{n}\frac{1}{\tau_i}\int_0^{x_i}f^{-1}(\eta)\mathrm{d}\eta$$

$$(3\text{-}3\text{-}4)$$

因此,可得到能量关于状态 x_i 的偏导为

$$\frac{\partial E}{\partial x_i} = -\sum_{j=1}^{n}\omega_{ij}x_j + \theta_i + \frac{1}{\tau_i}\int_0^{x_i}f^{-1}(x_i) = -\sum_{j=1}^{n}\omega_{ij}x_j + \theta_i + \frac{1}{\tau_i}\int_0^{x_i}y_i = -\frac{\mathrm{d}y_i}{\mathrm{d}t}$$

$$(3\text{-}3\text{-}5)$$

进而,可求得能量对时间的导数为

$$\frac{\mathrm{d}E}{\mathrm{d}t} = \sum_{i=1}^{n}\left(-\frac{\mathrm{d}y_i}{\mathrm{d}t}\frac{\mathrm{d}x_i}{\mathrm{d}t}\right) = -\sum_{i=1}^{n}\left(\frac{\mathrm{d}y_i}{\mathrm{d}x_i}\frac{\mathrm{d}x_i}{\mathrm{d}t}\frac{\mathrm{d}x_i}{\mathrm{d}t}\right) = -\sum_{i=1}^{n}\left(\frac{\mathrm{d}y_i}{\mathrm{d}x_i}\left(\frac{\mathrm{d}x_i}{\mathrm{d}t}\right)^2\right)$$

$$(3-3-6)$$

由于 $x_i = f(y_i)$ 为 S 型函数,属于单调增函数。因此,反函数 $y_i = f^{-1}(x_i)$ 也是单调增函数,可知 $\frac{\mathrm{d}y_i}{\mathrm{d}x_i} > 0$,$\frac{\mathrm{d}E}{\mathrm{d}t} \leqslant 0$。

3.4　基于神经网络的系统辨识

需要特别强调的是,基于神经网络的系统辨识是以逼近理论为基础的,而神经网络逼近理论又是以泛函理论(尤其是其中的逼近定理)为基础的,限于本书篇幅,这里不再赘述泛函理论中的相关概念与定理,有需要的读者可以参阅相关文献资料。

3.4.1　神经网络辨识的原理

系统辨识是对难以通过机理或试验方法建模的复杂对象进行建模的一种方法,L. A. Zadeh 把辨识定义为:"辨识就是在系统输入和输出观测数据的基础上,从一组给定的模型中,确定一个与被识别的系统等价的模型。"一般地,系统辨识具有以下 3 个要素:

(1)输入、输出数据。能够观测到的按时间顺序排列的系统输入、输出数据,简称为时序数据。

(2)模型类。明确给定所要辨识的系统属于哪一类系统,因为属性完全不同的系统可能具有相同的模型结构。

(3)等价准则。从一类模型中按所给定的性能等价准则,选择一个与实际系统最为接近的模型。等价准则就是用以衡量模型与实际系统接近程度的标准,一般表示为误差函数的泛函。

基于神经网络的系统辨识,就是用神经网络作为被辨识系统的正与逆模型、预测模型,因此,也可称之为神经网络建模。它们可实现对线性与非线性系统、静态与动态系统进行离线或在线辨识。图 3-9 给出了基于输出误差的神经网络辨识原理结构图。图 3-9 中的 TDL 为多分头时延系统,其输出矢量由输入信号的延时构成。

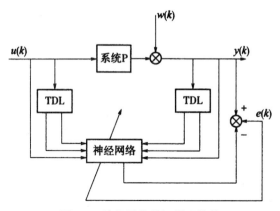

图 3-9　神经网络辨识原理结构

基于神经网络的系统辨识就是选择一个适当拓扑结构的神经网络模型。使该网络从待辨识的实际动态系统中不断地获得输入、输出数据,神经网络通过学习算法自适应地调节神经元间的连接强度,从而获得利用神经网络逐渐逼近实际动态系统的模型(正模型)或逆模型(如果系统是可逆的)。这样的动态系统模型实际上隐含在神经网络的权矩阵中。

3.4.2　基于 BP 网络的非线性系统模型辨识

多层前向网络是系统辨识中常用的网络,下面简要讨论一种基于 BP 网络的非线性动态系统模型辨识算法。

首先,我们来看前向网络的结构设计。为简单起见,考虑单输入、单输出动态系统

$$y(k+1)=f[y(k),\cdots,y(k-n+1);u(k),\cdots,u(k-m+1)]$$

$$(3\text{-}4\text{-}1)$$

其中,$u(k)$、$y(k)$ 分别为系统的输入、输出;m、n 分别为输入、输出的阶次。辨识系统(3-4-1)选用三层前向网络:输入层神经元的数目为 $n_1 \geq m+n+1$;输出层神经元的数目 n_O 应为待辨识的输出维数,在此 $n_O=1$;隐层的神经元数目 n_H 一般取 $n_H > n_1$。如果对象的阶次 n、m 已知,那么 BP 网络的输入向量为

$$\boldsymbol{X}(k)=(x_1(k),x_2(k),\cdots,x_{n_1}(k))^{\mathrm{T}} \qquad (3\text{-}4\text{-}2)$$

$$x_i(k)=\begin{cases}y(k-i),1\leq i\leq n\\u(k-i-n+1),n+1\leq i\leq n_1\end{cases} \qquad (3\text{-}4\text{-}3)$$

如果对象的阶次 n、m 未知,可通过选择 n、m 的不同组合,由好的性能指标决定。

接着,我们讨论基于 BP 网络的系统辨识算法。设输入层到隐层的加权阵为 $[v_{ji}]$,隐层到输出层的加权阵为 $[\omega_i]$。对于设定的单输入、单输出系统,神经网络从输入层到隐层的输入、输出关系为

$$net_i(k) = \sum_{j=0}^{n_1} v_{ji}x_j(k) \tag{3-4-4}$$

$$I_i(k) = H[net_i(k)] \tag{3-4-5}$$

$$H[x] = \frac{1-e^{-x}}{1+e^{-x}} \tag{3-4-6}$$

其中,$x_0=1$ 为阈值对应的状态。

从隐层到输出层的输入、输出关系为

$$\hat{y}(k) = \sum_{i=0}^{n_H} W_i I_i(k) \tag{3-4-7}$$

其中,$I_0=1$ 为阈值对应的状态。

BP 网络的学习算法采用广义 δ 规则,使性能指标

$$J = \frac{1}{2}[y(k)-\hat{y}(k)]^2 \tag{3-4-8}$$

达到最小。为提高网络学习速度,采用带有惯性项的 δ 规则为

$$\Delta W_i(k) = a_1 e(k)I_i(k) + a_2\Delta W_i(k-1) \tag{3-4-9}$$

$$\Delta v_{ji}(k) = a_1 e(k)H'[net_i(k)]W_i(k)x_i(k) + a_2\Delta v_{ji}(k-1)$$
$$\tag{3-4-10}$$

$$e(k) = y(k)-\hat{y}(k) \tag{3-4-11}$$

$$H'[net_i(k)] = net_i(k)[1-net_i(k)] \tag{3-4-12}$$

其中,$i=1,2,\cdots,n_H$;$j=1,2,\cdots,n_1$。

综上所述,我们可以将基于 BP 网络的系统辨识的一般步骤归纳如下:

(1)初始化权值 $v_{ji}(0)$、$W_i(0)$ 为一小的随机值。

(2)选择适当形式的输入信号 $u(k)$,如二进制伪随机序列,加入到系统式(3-4-1)。

(3)采集输出信号 $y(k)$[若为仿真时,$y(k)$ 由式(3-4-1)计算]。

(4)根据式(3-4-2)、式(3-4-3)构成输入向量 $\boldsymbol{X}(k)$,并计算误差 $e(k)$。

(5)根据式(3-4-4)~式(3-4-5)修改加权系数 $W_i(k)$、$v_{ji}(k)$。

(6)将 $k\to k+1$,返回第(2)步。如果是离线辨识,需按预先给定的允许误差 ε 进行判断,辨识算法的终止条件为 $|e(k)| = |y(k)-\hat{y}(k)| < \varepsilon$。

3.5　基于神经网络的智能控制

3.5.1　神经控制的基本原理

众所周知,通过确定适当的控制量输入而获得人们所想要的输出结果,这是控制系统的根本目的所在。图 3-10(a)给出了一个简单的反馈控制系统的原理示意图。关于这个反馈控制系统,不是我们要讨论的重点。我们所关心的问题是,在图 3-10(a)所示的控制系统中,将其控制器用神经网络控制器替代,不仅可以同样地完成控制任务,而且可以获得更好的控制效果。接下来,我们就来讨论神经网络控制器的工作原理。设控制系统的输入为 u,输出为 y,u 与 y 满足非线性关系,也就是说 y 是 u 的非线性函数,即

$$y = g(u)。 \qquad (3\text{-}5\text{-}1)$$

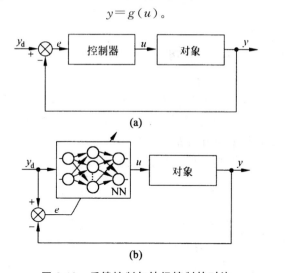

(a)

(b)

图 3-10　反馈控制与神经控制的对比

假设我们期望得到的系统输出为 y_d,那么,确定最佳的输入量 u,使得 $y = y_d$,就是系统控制的目的所在。在基于神经网络的智能控制系统中,神经网络需要实现从输入到输出的某种映射功能。换句话说,神经网络就是就是要实现某类特定的函数变换规则,使得人们可以在向基于神经网络的智能控制系统输入某一量 u 的情况下,获得与期望输出 y_d 相吻合的结果。设

$$u = f(y_d) \qquad (3\text{-}5\text{-}2)$$

为了使得 $y=y_d$，我们把式(3-5-2)代入式(3-5-1)中，则有

$$y=g[f(y_d)]\tag{3-5-3}$$

容易发现，如果 $f(\cdot)=g^{-1}(\cdot)$，便可实现 $y=y_d$。

实践经验表明，当采用神经网络控制时，通常被控对象不仅十分复杂而且具有十分显著的不确定性，故而要想建立式(3-5-3)中的非线性函数 $g(\cdot)$，是一项十分困难的工作。事实上，能够逼近非线性函数，这是神经网络最显著的能力之一，利用神经网络的这一功能便可以模拟 $g(\cdot)$。

模拟得到的 $g(\cdot)$，其具体形式一般都是未知的，但是，人们可以利用神经网络的学习算法来逐步减小 y 与 y_d 之间的误差，使得模拟结果逐步逼近 $g^{-1}(\cdot)$。具体做法是，对调整神经网络连接权值进行适当的挑选，使得

$$e=y_d-y\rightarrow 0\tag{3-5-4}$$

通过以上事实可以看出，逐步逼近 $g^{-1}(\cdot)$ 是一种对被控对象求逆的过程。

基于神经网络智能控制的种类很多，目前最常见的类型有神经网络直接反馈控制、神经网络专家系统控制、神经网络模糊逻辑控制和神经网络滑模控制等。

3.5.2 基于传统控制理论的神经控制

在传统控制系统中，神经网络常常被用于实现传统控制中的某些特定环节，如辨识、估计、优化计算等。具体的应用方式多种多样，限于本书篇幅，这里我们仅列举如下几种最常用的方式：

(1)神经逆动态控制。设系统的状态观测值与输入控制信号满足的映射关系为

$$x(t)=F[u(t),x(t-1)]$$

其中：$x(t)$ 表示状态观测值；$u(t)$ 表示输入控制信号；F 表示二者之间的映射法则，它可能已知也可能是未知的，为了便于讨论，事先约定 F 是可逆的，即 $u(t)$ 可从 $x(t)$ 和 $x(t-1)$ 中求出，通过训练，神经网络的动态响应为

$$u(t)=H[x(t),x(t-1)]$$

H 即为 F 的逆动态。

(2)神经PID控制。将神经元或神经网络和常规PID控制相结合，根据被控对象的动态特性变化情况，利用神经元或神经网络的学习算法，在控制过程中对PID控制参数进行实时优化调整，达到在线优化PID控制性能的目的。上述这样的复合控制形式统称为神经元PID控制或神经PID控制。

(3)模型参考神经自适应控制。将神经网络的相关技术应用到传统的

模型参考自适应控制系统之中,或是改进其原有的对象模型和控制器,或是对其自适应机构进行转型升级,或是对其控制参数进行优化等,这样的系统统称为模型参考神经自适应控制。

(4)神经自校正控制。如图 3-11 所示,给出了基于单神经网络的神经自校正控制系统结构示意图。在这类控制系统中,评价函数一般取为 $e = y_d - y$,或采用形式 $e(t) = M_y[y_d(t) - y(t)] + M_u u(t)$。其中,$M_y$ 和 M_u 为适当维数的矩阵。该方法的有效性在水下机器人姿态控制中得到了证实。

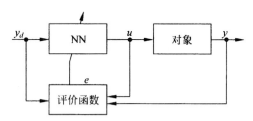

图 3-11　神经自校正控制的一种结构

除上述形式外,神经网络和传统控制的结合形式还有神经内膜控制、神经预测控制、神经最优决策控制等形式,限于本书篇幅,这里不再赘述。

3.6　神经 PID 控制

在传统的控制技术领域,PID 调节器由于其具有结构简单、参数整定、便于调节等方面的优点而得到了广泛的应用。然而,随着应用的日趋广泛,这类调节器的局限性也不断暴露出来,如参数难以自动适应环境、面对复杂系统控制的有效性不足、并行处理能力较弱、鲁棒性欠佳等。与之相反,神经网络却刚好具有十分强大的自适应和并行处理能力,并且其鲁棒性也非常好,如果将神经网络应用到传统的 PID 调节器中,则刚好可以弥补 PID 调节器的上述不足,使其性能得到更加充分的发挥。接下来,我们就对神经 PID 控制展开简要的讨论。

根据 PID 控制的有关理论可知,只有同步调整 PID 控制的比例、积分、微分三种控制方式,找出它们既配合又制约的最佳非线性组合关系,才能使得 PID 控制获得最好的效果。在非线性表示能力方面,神经网络有其独特的强大之处,这得益于它对系统性能强大的学习能力,如果将神经网络应用到 PID 控制技术中,那么获得具有最佳组合的 PID 控制器就是比较容易实现了。

一般地,人们在设计 PID 控制器时,常常采用 BP 网络结构。BP 神经网络具有比较强的自学习能力,凭借该能力,神经网络可以十分准确地找到最合适的 P、I、D 参数,从而实现某一最佳控制。如图 3-12 所示,给出了采用 BP 神经网络设计的 PID 控制系统的结构示意图。通过图 3-12 我们以看到,神经 PID 控制器主要包括如下两个部分:

(1)经典的 PID 控制器。该部分的主要功能是对被控对象直接进行闭环控制,同时在线整定 K_P、K_I、K_D 这三个参数。

(2)神经网络。实时监控系统运行状态,通过自学习、调整权系数等方式有效配置 K_P、K_I、K_D 这三个可调参数,使 PID 控制器的控制效果达到最佳。

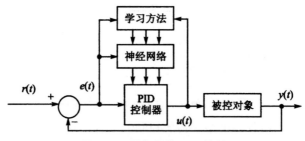

图 3-12 神经网络 PID 控制

一般地,PID 控制器的控制过程满足公式

$$u(k)=u(k-1)+K_P\Delta e(k)+K_I e(k)+K_D\Delta^2 e(k) \qquad (3\text{-}6\text{-}1)$$

式中:K_P 为比例系数;K_I 为积分系数;K_D 为微分系数。如果将 K_P、K_I、K_D 这三个系数看作依赖于系统运行状态可调,那么上式可以改写为

$$u(k)=f[u(k-1),K_P,K_I,K_D,e(k),\Delta e(k),\Delta^2 e(k)] \qquad (3\text{-}6\text{-}2)$$

式中:$f[\cdot]$ 表示一类非线性映射(函数),通常与 K_P、K_I、K_D、$u(k-1)$、$y(k)$ 等相关。

3.7 神经控制系统的设计及应用实例

3.7.1 神经控制系统的设计

对神经控制系统和神经控制器的设计,在许多情况下可以采用设计计算工具,如 Matlab 工具箱等方法。但在实际应用中,根据受控对象及其控制要求,人们可以应用神经网络的基本原理,采用各种控制结构,设计出许多行之有效的神经控制系统。从已有的设计情况来看,神经控制系统的设

计一般应包括(但不是全部)如下内容:

(1)建立受控对象的数学计算模型或知识表示模型。

(2)选择神经网络及其算法,进行初步辨识与训练。

(3)设计神经控制器,包括控制器的结构、功能表示与推理。

(4)控制系统仿真试验,并通过试验结果改进设计。

目前,神经网络已被广泛用于工业、商业和科技部门,特别用于模式识别、图像处理和信号辨识等领域,有代表性的关于神经控制的报道有增无减,如水轮发电机双神经元同步控制、冰柜温度的 BP 神经网络控制、机器人手臂的 CMAC 网络控制等,都是应用神经控制的成功范例。

3.7.2　水轮发电机双神经元同步控制系统的设计与应用

1. 水轮发电机的同步控制

一般地,水轮发电机并网运行的理想条件为

$$\Delta u = 0, \Delta f = 0, \Delta \varphi = 0 \qquad (3\text{-}7\text{-}1)$$

式中:Δu、Δf 和 $\Delta \varphi$ 分别为发电机与电网间的电压差、频率差和相位差。此外,并网连接时间应尽可能短。在这些条件下同步控制系统能够实现快速和无冲击并接。要满足这些控制条件,这里采用一种具有频率跟踪和位相跟踪的复合控制方案,其结构如图 3-13 所示。在图 3-13 中,f_N 和 φ_N 为电网的频率和相位,f_G 和 φ_G 为发电机的频率和相位。

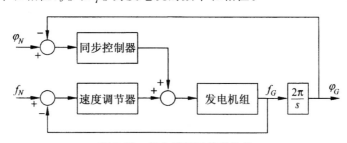

图 3-13　复合控制系统的结构

发电机的负载动态特性可以由一个微分方程来所示,即

$$T_a \frac{\mathrm{d}x}{\mathrm{d}t} + e_g x = m_t - m_{go} \qquad (3\text{-}7\text{-}2)$$

式中:x 为发电机的负载电流;T_a 为发电机组时间常数和负载时间常数之和;e_g 为发电机负荷的自调节系数;m_t 为水力驱动力矩;m_{go} 为接通和断开引起的负载力矩的变化。

水轮发电机控制系统的传递函数为

$$G(s) = \frac{1}{T_y s + 1} \cdot \frac{e_y - (e_{qy} e_h - e_{qh} e_y) T_w s}{e_{qh} T_w s + 1} \cdot \frac{1}{T_a s + e_g - e_x} \quad (3\text{-}7\text{-}3)$$

式中：T_y 为电-液驱动系统的时间常数；T_w 为水压转换系统的水流时间常数；e_y、e_{qy}、e_h、e_{qh} 和 e_x 为与水力矩、水量、水高度、发电机转速和与叶片开度有关的常数或系数。

2. 双神经元同步控制

水轮发电机双神经元同步控制系统的结构如图 3-14 所示，图中，N_f 和 N_φ 为频率神经元和相位神经元；$K_f > 0$ 和 $K_\varphi > 0$ 为神经元的比例系统，$Z_f(t)$ 和 $Z_\varphi(t)$ 为性能指标；x_i 为神经元输入，ω_i 为 x_i 的权系数，$i = 1$，$2, \cdots, 5$。神经元模型学习算法为

$$u(t) = K \sum_{i=1}^{n} \left[\omega'_i(t) x_i(t) \right] \quad (3\text{-}7\text{-}4)$$

$$\omega'_i(t) = \frac{\omega_i(t)}{\sum_{i=1}^{n} |\omega_i(t)|} \quad (3\text{-}7\text{-}5)$$

$$\omega_i(t+1) = \omega_i(t) + d[r(t) - y(t)] u(t) x_i(t) \quad (i = 1, 2, \cdots, n) \quad (3\text{-}7\text{-}6)$$

式中：K 和 d 为待定常数；神经元的输入 $x_i(t)$ 取 $i = 3$，即

$$\left. \begin{aligned} x_1(t) &= r(t) \\ x_2(t) &= r(t) - y(t) \\ x_3(t) &= x_2(t) - x_2(t-1) \end{aligned} \right\} \quad (3\text{-}7\text{-}7)$$

据式(3-7-4)~式(3-7-7)以及神经元模型的有关结构理论，可求得神经元同步控制算法。

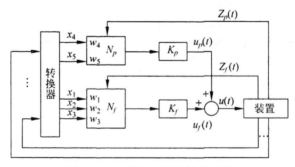

图 3-14　双神经元同步控制系统

对于神经元 N_f，有

$$u_f(t) = \frac{K_f \sum_{i=1}^{3} [\omega'_i(t) x_i(t)]}{\sum_{i=1}^{3} |\omega_i(t)|}$$

$$\omega_i(t+1) = \omega_i(t) + d_f [f_N(t) - f_G(t)] x_i(t), i = 1, 2, 3$$

$$x_1(t) = f_N(t)$$

$$x_2(t) = f_N(t) - f_G(t)$$

$$x_3(t) = x_2(t) - x_2(t-1)$$

$$(3\text{-}7\text{-}8)$$

对于神经元 N_φ，有

$$u_\varphi(t) = \frac{K_\varphi \sum_{i=4}^{5} [\omega'_i(t) x_i(t)]}{\sum_{i=4}^{5} |\omega_i(t)|}$$

$$\omega_i(t+1) = \omega_i(t) + d_\varphi [f_N(t) - f_G(t)] x_i(t), i = 4, 5$$

$$x_4(t) = \varphi_N(t) - \varphi_G(t)$$

$$x_5(t) = x_5(t-1) - x_4(t)$$

$$(3\text{-}7\text{-}9)$$

神经控制器的总输出为

$$u(t) = \begin{cases} u_f(t) + u_\varphi(t), & |x_2(t)| \leqslant 1\text{Hz} \\ u_f(t), & |x_2(t)| > 1\text{Hz} \end{cases} \qquad (3\text{-}7\text{-}10)$$

式中：d_f 和 d_φ 分别为神经元 N_f 和 N_φ 的学习速率。

3. 实时动态模拟

选取水电站的某台水轮发电机组作为实时模拟对象。该发电机组的模型参数为：$e_{qy} = 1, e_{qh} = 0.5, e_h = 1.5, e_y = 1, e_g - e_x = 0.25, T_y = 0.8s, T_\omega = 1.5s, T_a = 8s$。把这些参数代入式（3-7-2），可得模拟对象的传递函数

$$G(s) = \frac{1}{0.8s+1} \times \frac{1-1.5s}{0.75s+1} \times \frac{1}{8s+0.25} \qquad (3\text{-}7\text{-}11)$$

对水轮发电机的自起动、100%卸载和空载状态进行神经元同步控制实时模拟试验。模拟时采用式（3-7-8）至式（3-7-10）的神经元同步控制算法，并选择参数 $K_f = 5, K_\varphi = \frac{1}{65536}, d_f = 4, d_\varphi = 2$，采样周期 $\tau = 0.04s$。当频差 $|\Delta f| < 1\text{Hz}$ 时，相位控制器投入运行。如图 3-15(a)～图 3-15(c) 所示，给出了该模拟试验的结果，图中，F 为发电机组频率，V 为叶片开度，φ 为相位差。

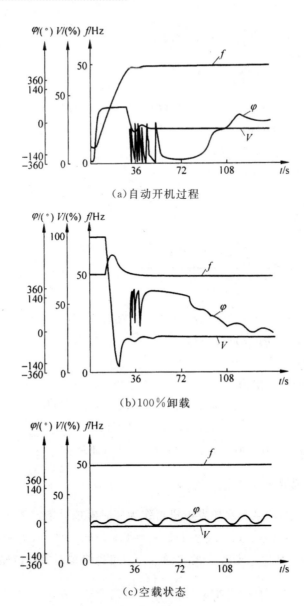

（a）自动开机过程

（b）100％卸载

（c）空载状态

图 3-15 神经元同步控制实时动态模拟曲线

通过图 3-15 可以得出如下重要结论：

（1）自动起动 70s 后，达到显著的相位控制作用，然后相位趋近其同步点；120s 后，$\Delta\varphi \approx 0$。

（2）100％卸载 60s 后，相位控制明显起作用，而且 $\Delta\varphi$ 很快趋于 0。

（3）在空载状态，相位差在 $\Delta\varphi = 0$ 附近很慢摆动，而且提供了大约每分钟 8 次的并网机会。

上述模拟结果表明,该水轮发电机双神经元同步控制具有良好的控制效果,可被直接用于控制水电站的水轮发电机。

3.7.3　BP 神经网络在冰柜温度控制中的设计与应用

冰柜温度智能控制系统要实现的目标是,使得冰柜温度能够抵抗外界环境的影响,从而在人们所期望的范围内保持稳定。为了达到这个目的,可以利用人工神经网络技术实现冰柜温度的智能控制。该系统以事先经过训练的多层前馈神经网络为核心,动态地调整冰柜内部的温度,使其适应外界环境和各种不可观测的噪声干扰,自动地使温度维持在期望的范围内。

1. 系统组成及工作原理

如图 3-16 所示,给出了冰柜温度智能控制系统的基本组成示意图,图中的神经网络 NN 是三层感知器,在系统中起着智能控制器的作用。

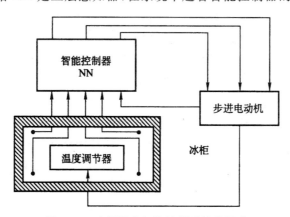

图 3-16　冰柜温度智能控制系统的组成

在系统投入使用之前,必须对系统进行一定的"培训",使之具有完成指定任务所必需的控制知识和策略。具体的"培训"手段则是,制定有效的训练算法,精选必要的训练集数据,然后对系统进行离线训练。当然,要实现这一目标,和神经网络的自学习、自适应功能是分不开的。训练后的网络连接到系统后,当冰柜内部温度由于各种热噪声、冰柜门开启等原因发生变化时,4 个传感器及时检测出这些变化量传送给 NN,NN 根据训练期间学习到的有关控制知识及策略(分布存储于网络的所有连接权值中),判断在当前情况下温度的变化对冰柜总体温度的影响,确定为了维持所期望的温度范围应该输出的温度调整量,温度调整信息通过步进电动机及温度调节器对冰柜的温度进行实时控制。

2. 人工神经网络的训练

为使神经网络能够起到智能控制器的作用,需先对其进行训练。即按照某种训练算法逐步调整神经元的阈值及神经元之间的连接权值,使得神经网络的输入、输出关系满足实际问题的需要。由于神经网络是通过学习得到训练样本中内含的特征规律及输入、输出样本对之间的非线性映射关系,并通过神经元及连接权值记忆这种映射关系,因而可以用神经网络实现那些难以用数学模型表示的复杂非线性映射关系。

神经网络在学习过程中,能够从包含噪声或不相容数据的训练样本中抽取正确的输入、输出关系,因而它具有很强的归纳和适应能力。训练后的神经网络不仅可以对曾经出现在训练集中的输入向量产生正确的响应,而且可以对未包含在训练样本中的输入向量产生正确响应。此外,由于神经网络是由大量可并行、分布处理的基本单元组成的,因而当部分信息丢失时,对整个系统的影响不会太大。系统仍可联想出在记忆中的某个完整清晰的信息,即具有较强的容错能力。由于神经网络具有这些特点,它能够在智能控制系统中起到智能控制器的作用。

系统中采用 BP 算法神经网络,训练样本由一系列输入输出模式对 (X, d) 组成。X 为对神经网络的输入向量,d 为在 X 作用下对神经网络的期望输出向量。通过不断比较实际输出向量 O 与期望输出向量 d,反复修正有关的权值,逐渐使网络取得经验、减少误差,最终掌握隐含在样本中的知识。训练数据的质量直接影响训练以后神经网络的性能,为了收集高质量的训练数据,我们进行了由领域专家精心操作的冰柜温度手控实验,得到 12741 条实验记录。如表 3-2 所示,给出了冰柜手控实验的样本数据记录格式,其中前 5 列给出神经网络的 5 个输入分量,分别为 4 个点的温度变化量和步进电动机的位置值,第 6 列给出步进电动机相应的调整量作为神经网络的期望输出。

表 3-2 冰柜手控实验的样本数据记录格式

位置 1 温度变化	位置 2 温度变化	位置 3 温度变化	位置 4 温度变化	步进 电动机位置	步进 电动机调整量
x_1	x_2	x_3	x_4	x_5	d
⋮	⋮	⋮	⋮	⋮	⋮

系统在使用 BP 算法训练神经网络时,$\eta = 0.3, \alpha = 0.9$,初始权值为范围在 $-0.5 \sim 0.5$ 之间的随机数。

3.性能测试与分析

1)性能测试

为了评价基于神经网络的冰柜温度控制系统的性能,我们对系统进行了一系列的测试实验。这里主要讨论智能控制器的两个主要特性,即响应时间和对测试集的正确率,详述如下:

(1)响应时间。响应时间是指从测试信号加到 NN 的输入端到 NN 产生输出之间的时间。该时间主要取决于实现 NN 的计算机系统 CPU 的时钟频率。

(2)对测试集的正确率。为了有效地检验训练后的 NN 对测试样本的正确率,我们共进行了 10 次训练与测试。每次将实验数据分成不相交的两个部分,随机地选出实验记录的约 5% 作为训练集,其余记录作为测试集。测试时每次先用训练样本集的 637 个数据对训练 NN,然后再用测试样本集的 12104 个数据测试训练后的 NN。若 NN 对测试样本的实际输出值与期望输出值的误差小于 0.5,则认为响应正确。10 次测试的正确率为 95.31%~98.11%,平均正确率达 97.76%。

2)结果分析

实验共得到 12741 条记录,其中有 12095 条记录中的步进电动机调整量为 0,约占总数的 95%,其余 646 条记录的步进电动机调整量在 -150~+160 之间,由于步进电动机调整量为 0 的记录在总记录中占绝对多数,因此在随机选取的训练样本中也应占绝对多数,于是 NN 学习这种记录的机会比学习其他种类记录的机会多。测试结果也表明,NN 对步进电动机调整量为 0 的测试样本均未产生错误输出,对这类样本的正确率显然比对其他测试样本的正确率高。

为了减少训练时间,训练集样本仅为总记录数的 5%,如果选用较多的训练样本,测试的正确率应有所提高。

3.7.4　CMAC 网络在机器人手臂控制中的设计与应用

小脑模型神经网络 CMAC 是一种通过多种映射实现联想记忆的神经网络。这种映射实际上是一种智能查表技术,它模拟了小脑皮层神经系统感受信息和存储信息,并通过联想利用信息的功能。CMAC 网络不仅学习速度快,而且精度高,在智能控制领域具有重要应用价值,特别是在机器人的手臂协调控制中有着广阔的应用前景。

如图 3-17 所示,给出了一个 CMAC 网络机器人关节控制系统的框架图。设 $\boldsymbol{\theta}$、$\boldsymbol{\theta'}$ 和 $\boldsymbol{\theta''}$ 分别表示机器人手臂关节的角度向量、角速度向量和角加速度向量，$\boldsymbol{T}$ 表示机器人手臂关节的驱动力矩向量，机器人关节的动力学方程为

$$\boldsymbol{\theta''}=g(\boldsymbol{\theta},\boldsymbol{\theta'},\boldsymbol{T})。$$

为了使机器人关节获得角加速度，须在关节上施加一定的力矩 $\boldsymbol{T}$，其表达式应为

$$\boldsymbol{T}=g^{-1}(\boldsymbol{\theta},\boldsymbol{\theta'},\boldsymbol{\theta''})，$$

式中：g^{-1} 为 g 函数的逆函数，描述了机器人关节的动力学特性。若 g 已知且 g^{-1} 存在，可用上式计算 $\boldsymbol{T}$。当 g^{-1} 未知时，可用 CMAC 网络学习函数 g^{-1}，从而使 CMAC 的输出 $\boldsymbol{Y}$ 与 $\boldsymbol{T}$ 一致。

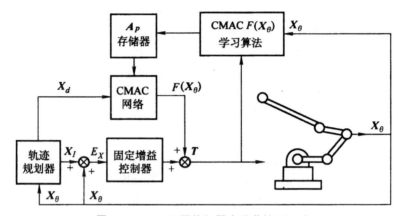

图 3-17　CMAC 网络机器人关节控制系统

当用该系统控制机器人的一个手臂关节时，变量 $\boldsymbol{\theta}$、$\boldsymbol{\theta'}$ 和 $\boldsymbol{\theta''}$ 均为标量，其量化值 x_θ、$x_{\theta'}$、$x_{\theta''}$ 共同构成了 CMAC 网络的 3 维输入空间 $\boldsymbol{X_\theta}$。系统工作过程如下：将对应于机器人手臂关节实际状态的输入 $\boldsymbol{X_\theta}$ 加到一个 CMAC 学习算法上，该算法输出 $F(\boldsymbol{X_\theta})$，学习过程中的权值存放在 $\boldsymbol{A_p}$ 的存储单元中。图中另一个 CMAC 网络是专供输出使用的，两个 CMAC 网共用 $\boldsymbol{A_p}$ 存储器。学习 CMAC 网负责将调整后的权值存入 $\boldsymbol{A_p}$ 存储器，而输出 CMAC 网负责根据 $\boldsymbol{A_p}$ 中存放的权值和期望状态 $\boldsymbol{X_d}$ 产生输出 $F(\boldsymbol{X_d})$。

在系统的每个控制周期，由轨迹规划器产生一个理想状态 $\boldsymbol{X_I}$，而机器人的实际输出状态为 $\boldsymbol{X_\theta}$，两者之差为 $\boldsymbol{E_X}$。该误差经过固定增益控制器产生误差驱动力矩 $\boldsymbol{T}$。此外，轨迹规划器还根据系统的实际状态 $\boldsymbol{X_\theta}$ 和下一控制周期的理想状态 $\boldsymbol{X_i}$ 规划出系统的期望状态 $\boldsymbol{X_d}$，以其作为输出 CMAC 网络的输入。系统开始运行时，$\boldsymbol{A_p}$ 存储器中权值为零，所以第一次运行时 CMAC 网络的输出为 $F(\boldsymbol{X_d})=0$。固定增益控制器将误差放大后直接作为初始驱动力矩去控制机器人的手臂关节。在下一个控制周期，根据系统的

实际输出 X_θ 状态,学习 CMAC 网络通过 CMAC 算法计算出权值调整量为

$$\Delta W = \frac{\mu\left[T - F(X_d)\right]}{|A^*|}$$

式中:T 为上一控制周期中实际施加于机器人手臂的力矩,$F(X_\theta)$ 为 CMAC 网络在 X_θ 输入后得到的输出。调整后的权值存入 A_p 存储器后,输出 CMAC 网络根据期望状态产生的 $F(X_d)$ 不再为零。$F(X_d)$ 与增益控制器输出的力矩相叠加得到驱动力矩 T 去控制机器人手臂。

经过几次训练后,机器人的手臂运动很快就与要求的轨迹相一致。训练结束后,X_θ 与 X_I 相同,$E_X = 0$,因此驱动力矩 $T = F(X_d)$,即 $F(X_d)$ 体现了 $g^{-1}(\theta,\theta',\theta'')$ 的特性。系统工作时如受到外界干扰,会在机器人手臂运动中叠加一个错误扰动 X_θ',由该扰动产生的 $F(X_\theta')$ 使 CMAC 学习网络工作,对权值进行调整,系统很快会适应外界变化。

最后有必要特别指出的是,CMAC 网络是一种自适应控制网络,因学习收敛速度快,精度较高,在实时工作时非常有用。

第4章 专家系统与仿人智能控制

专家控制系统是用计算机模拟控制领域专家对复杂对象控制过程的智能决策行为而实现的一种计算机控制系统。它区别于传统控制的显著特点在于它是基于知识的控制，知识包括理论知识、专家控制经验、规则等。专家控制器是专家系统的一种简化形式。仿人智能控制是一种基于规则的控制形式。本章我们就对专家系统与仿人智能控制展开系统性的讨论。

4.1 专家系统基础

在智能控制领域，专家控制系统(Expert Systems)简称专家系统，它是一类典型的知识工程系统。随着人工智能科学的高速发展，专家控制系统优先得到了控制科学家们的重视，发展也十分迅速，目前已经成为智能控制领域应用最为广泛的重要分支之一。

专家控制系统的起源可以追溯到 20 世纪 60 年代，1965 年美国斯坦福大学研制出了 DENDRAL，这是世界上第一个专家控制系统。自此而后，专家控制系统得到了控制科学界的高度重视，在短短 20 年的时间里，各个专业领域都积极组织专业人员开展适用于自身专业应用的专家控制系统研究，获得了丰硕的成果。近年来，在计算机技术发展的推动下，专家控制系统的开发与应用取得了更大的突破，为其所服务的各个行业领域都带了十分可观的经济效益。

从根本原理上看，每一个学科的专家控制系统都是将与该学科相关的大量专业知识和经验有效地集成起来，凭借人工智能技术强大的自学习、自适应能力，模仿该行业专家或专业人员进行推理或判断，从而获得与人脑相差较小或无差别的决策结果，为该行业复杂问题提供有效的解决方案。由此看来，大量的知识与经验是专家控制系统功能发挥的根本决定因素，而如何将大量知识和经验表达出来并加以运用，是设计专家控制系统的关键所在。当然，专家控制系统并不能简单地与传统的计算机程序相等同，对于待解决的问题，专家控制所提供的算法往往只能获得一些比较模糊但可以协助问题解决的方案，而不是精确的解决方案。

图 4-1 给出了一个专家系统的简易结构示意图。一般地,专家系统由知识库、数据库、推理机、解释器及知识获取器 5 个部分组成。限于本书篇幅,这里不再赘述各部分的具体功能。

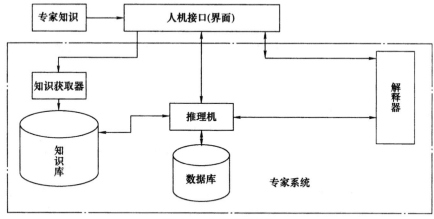

图 4-1　专家系统结构

4.2　专家系统的知识表示方法

知识表示就是知识的形式化,就是研究用机器表示知识的可行的、有效的、通用的原则和方法。专家系统的知识表示方法多种多样,限于本书篇幅,这里我们主要讨论产生式规则表示法、状态空间表示法、框架表示法、"与或图"表示法。这些方法是目前最常见的知识表示方法。

4.2.1　产生式规则表示法

目前用于专家系统的知识表示中,产生式规则表示是最常用的一种方法。图 4-2 给出了产生式系统的基本结构示意图。

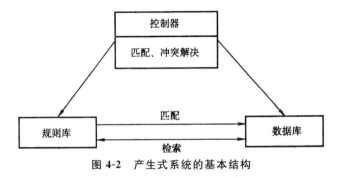

图 4-2　产生式系统的基本结构

从组成结构上看,产生式系统一般由 3 个部分组成,具体如下:

(1)规则库。一般地,专家控制系统的工作必须以某些规则为基础,这些规则通常都可以描述为形如"如果……,就……"的语句,其具体的逻辑形式为"if〈条件部分〉(触发事实 1 是真,触发事实 2 是真,…,触发事实 n 是真)then〈操作部分〉(结论事实 1,结论事实 2,…,结论事实 n)"。一个专家控制系统集成了许多这类规则,而规则库就是用来存放这些规则的。经验表明,对于产生式专家控制系统而言,其执行规则之间并没有太大的关系。系统工作时,如果某一条执行规则的条件被满足,这条规则就会被自动调用,从而执行该规则所预定的操作。

(2)数据库。对于每一个产生式规则而言,其后半部分代表该规则被调用的条件。由于产生式系统所集成的规则有很多,所以必须使用数据库将所有产生式规则启用所需的条件储存并管理起来。在系统工作时,产生式规则会时刻监视数据库,一旦某一规则的执行条件被满足,就会执行该条规则。与此同时,每条产生式规则的操作也可能引起数据库发生变化,从而导致其他规则的执行条件被满足。可见,这是一个动态的循环过程,简单的文本存储灵活性不足,不便于检索,这也是产生式系统必须使用数据库的一个重要原因。

(3)控制器。对于产生式系统而言,其每一个执行动作的下一步应该采用那一条规则,也是一个十分关键的问题。一般地,人们采用控制器来完成产生式规则的选择与应用问题。通常情况下,一条产生式规则的选择与应用分如下 3 步进行:

①匹配。匹配是产生式规则执行的首要环节,在任何一条产生式规则执行之前,必须将该规则的执行条件与数据库中的相关数据进行比对。如果比对的结果是两者相匹配,那么系统就会执行该规则。一般地,在某一个匹配过程中,人们把完全匹配的规则称作被触发规则,而把匹配之后系统执行的规则称作被启用规则。这里需要特别注意的是,通常不可以把被触发规则与被启用规则简单地等同,因为在系统运行的过程中,同一时刻满足执行条件的规则可能不止一条。但是,系统在同一时刻一般只能执行一条规则,这一问题需要在下一步解决。

②冲突解决。在上一步已经指出,当系统运行时,同一时刻满足执行条件的规则可能不止一条,即与当前数据库完全匹配的规则可能有多个。这就形成了"冲突",那么究竟该执行那一条规则呢?冲突解决过程就是专门解决这一问题的。

③操作。所谓操作,就是在完全匹配且冲突解决之后,系统按照选定规则执行动作的过程。在操作的过程中,系统会根据规则预定的操作结果修

改数据库信息，进而转入下一条规则的匹配阶段。

4.2.2　状态空间表示法

状态空间表示法是知识表达的基本方法。所谓"状态"是用来表示系统状态、事实等叙述性知识的一组变量或数组，即 $Q=\{q_1,q_2,\cdots,q_n\}$。所谓"操作"就是用于表示引起状态变化的过程性知识的一组关系或函数，即 F：$\{f_1,f_2,f_3,\cdots,f_m\}$。状态空间是利用状态变量和操作符号，表示系统或问题的有关知识的符号体系，通常可以用三元组来表示，即 $\langle\{Q_s\},F,\{Q_g\}\rangle$。式中：$Q_s$ 为初始状态；Q_g 为目标状态；F 为操作。

4.2.3　框架表示法

所谓框架表示法，就是合理设计嵌套的连接表，从而将问题状态、操作过程以及它们之间的关系系统地表达出来，以供人们认识和研究使用。由于框架表示法采用了嵌套式结构，故而为表达不同层次的知识带来了极大的便利，这是该表示方法的主要优点所在。另外，如果想要更加详细地描述问题的细节，可以进一步扩充问题的子框架，可见该表示具有极强的扩展性。一般情况，框架的名称唯一确定，但是其允许拥有的槽数却不受限制，同时不仅每个槽允许拥有的侧面数不受限制，而且每个侧面允许拥有的值的数目也不受限制。于是有

(<框架名>)(<槽 1>(<侧面 1>(<值 1>)

　　　　　　　　　　　　　　(<值 2>)

　　　　　　　　　　　　　　⋮)

　　　　　　　　(<侧面 2>(<值 1>)

　　　　　　　　　　　　　　(<值 2>)

　　　　　　　　　　　　　　⋮)

　　　　　　　　⋮)

　　　　(<槽 2>(<侧面 1>(<值 1>)

　　　　　　　　　　　　　　⋮)

　　　　　　　　⋮)

　　⋮)

利用框架中的槽，可以填入相应的说明，补充新的事实、条件、数据或结果，修改问题的表达形式和内容，便于表达对行为和系统状态的预测和猜想。

图 4-3 是一个常见的框架实例。

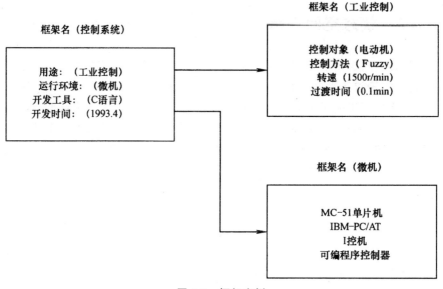

图 4-3　框架实例

4.2.4　"与或图"表示法

与或图是一种超图,图中用几条超弧线连接一个父节点和它的一组后继节点,加到一个节点上的"与"或"或"标记取决于该节点对其父节点的关系。例如,设问题 A 既可由求解 B 和 C 来解决,也可由求解问题 D、E 和 F,或者单独由求解问题 H 来解决,这一关系如图 4-4 所示。

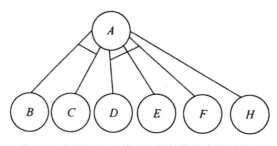

图 4-4　说明问题 A 的子问题替换集合的结构图

由上例可以看出,与或图是人们在求解问题时的两种思维方法,详述如下:

(1)分解"与"树。将复杂的大问题分解成一组简单的小问题,将总问题分解为子问题。若所有子问题都解决了,则总问题也解决了。这是"与"的逻辑关系。而子问题又可以分为子子问题,如此类推可以形成问题分解的树图,称为"与"树。图 4-5 是"与"树问题分解的示意图。

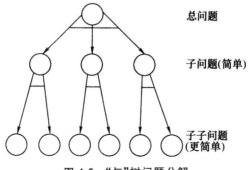

图 4-5　"与"树问题分解

(2)变换"或"树。对于一些比较难的复杂问题,人们一般要将其转变为与之等价的几个简单问题来处理。这样,如果能够将多个简单问题一一解决,那么原复杂问题也就被解决掉了。这样,原问题与多个等价的简单问题的组合之间就形成了一种"或"的逻辑关系。对于一些复杂度较高的问题,往往并不能通过一次等价转换就能将其转化为简单问题的组合,需要先将其等价地转化为较简单问题的组合,然后再将较简单的问题转化为更简单的问题的组合,这样一直等价转化下去,直至原复杂问题彻底转化为容易解决的简单问题的组合为止,于是"或"树就形成了。图 4-6 是"或"树问题变换的示意图。

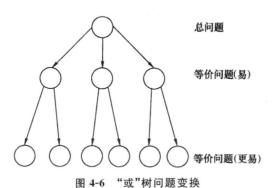

图 4-6　"或"树问题变换

在实际问题求解中,常常是兼用"分解"和"变换"方法,因而可用"与"树与"或"树相结合的图——与或图来表达。

接下来,我们进一步讨论与或图的构成规则。首先,定义一个概念:本原问题——可以直接解答的问题叫本原问题。一般地,与或图的构成规则如下:

（1）与或图中的每个节点代表一个要解决的单一问题或问题集合，图中的起始节点对应总问题。

（2）对应于本原问题的节点为叶节点，它没有后裔。

（3）对于把算符（与操作/或操作）应用于问题 A 的每种可能情况，都把问题变换为一个子问题集合；有向弧线自 A 指向后继节点，表示所求得的子问题集合。一个与或图如图 4-7 所示，问题 A 变换为 3 个不同的子问题集合：N、M 和 H。如果集合 N、M 和 H 中有一个能够解答，那么问题 A 就得到了解答，把 N、M 和 H 称为或节点。

（4）在图 4-7 中，进一步表示了集合 N、M 和 H 的组成情况，图中 $N=\{B,C\}$，$M=\{D,E,F\}$，而 H 由单一问题构成。

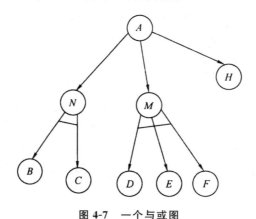

图 4-7　一个与或图

4.3　专家系统的自动推理机制

专家系统中的自动推理是知识推理，而知识推理是指在计算机或智能机器中，在知识表达的基础上，进行机器思维，求解问题，实现知识推理的智能控制过程。根据问题求解的推理过程中特殊和一般的关系，知识推理方法可分为演绎推理和归纳推理。其中演绎推理方式根据问题求解的推理过程中推理的方向，可分为正向推理、反向推理和正反向混合推理三类。接下来，我们主要将演绎推理的三种类型展开讨论。

4.3.1　正向推理

所谓正向推理，就是从原始数据开始，运用专家控制系统的知识库中所集成的知识,采用正确有效的推理论证策略,从而得出所需的结论。可见,正向推理是一个从数据到结论的推理过程,在智能控制理论中,将这种推理策略称为数据驱动策略。一般地,正向推理按照如图 4-8 所示的步骤进行,图中 K 为规则的总数目。

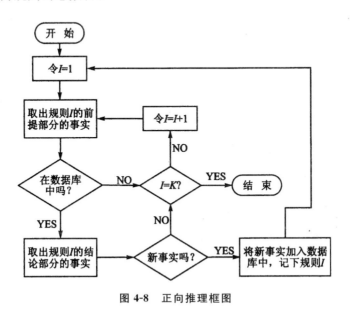

图 4-8　正向推理框图

4.3.2　反向推理

所谓反向推理,就是从结论出发,首先假设被推导的结论成立,然后通过适当的推理与论证,将支持该结论的证据与方法逐一寻找出来,从而达到证明该结论的目的。可见,反向推理是一个由结论到数据的推理过程,在智能控制理论中,将这种推理策略称为目标驱动策略。一般地,反向推理按照如图 4-9 所示的步骤进行。

4.3.3　正反向混合推理

正反向混合推理是先根据原始数据通过正向推理提出假设,再用反向推理进一步寻找支持假设的证据,反复这个过程。正反向混合推理集中了正向和反向推理的优点,但其控制策略较前两者复杂。

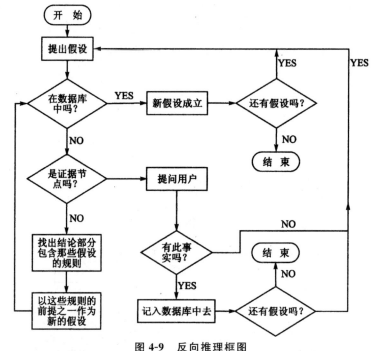

图 4-9　反向推理框图

4.4　专家控制系统的结构及原理

就目前的发展状况来看,专家控制系统应用十分广泛,结构比较灵活,并没有统一的体系结构。图 4-10 给出了目前最流行的一类专家控制系统的结构示意图。接下来,我们就以图 4-10 给出的体系结构为例,对专家控制系统的系统结构及原理展开讨论。

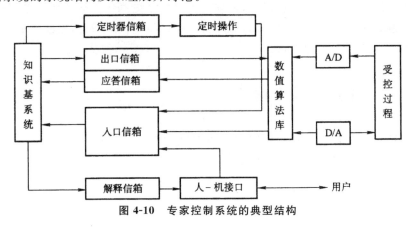

图 4-10　专家控制系统的典型结构

4.4.1　专家控制系统的工作原理

一般地,专家控制系统可以分为 3 个并发运行的子过程,这个在图 4-10 中已经清晰地给出,分别是知识基系统、数值算法库和人-机接口。同时,我们还可以看出,在图 4-10 中,系统通过出口、入口、应答、解释和定时器 5 个信箱来完成 3 个运行子过程之间的通信。

系统的控制器由位于下层的数值算法库和位于上层的知识基系统两大部分组成。数值算法库包含 3 种算法程序,分别是控制算法程序、辨识算法程序和监控算法程序,这些程序拥有最高的优先权,可以直接作用于受控过程。通常系统首先要获取知识基系统的配置命令,同时还要获取测量信号,在二者准备完毕之后,系统将按照控制算法程序计算控制信号。对于绝大多数的专家控制系统而言,每次允许运行的控制算法程序一般只有一种。另外,从某种意义上看,辨识算法和监控算法充当滤波器或特征抽取器的功能,主要作用是从数值信号流中抽取特征信息。由此可见,专家控制系统通常都是按照传统控制方式运行的,只有当运行状况变化的时候,才会向知识基系统发送指令,从而进入智能控制过程。

知识基系统位于系统上层,对数值算法进行决策、协调和组织,包含有定性的启发式知识,进行符号推理,按专家系统的设计规范编码,通过数值算法库与受控过程间接相连,连接的信箱中有读或写信息的队列。如图 4-11 所示,给出了专家控制系统内部过程的通信功能。

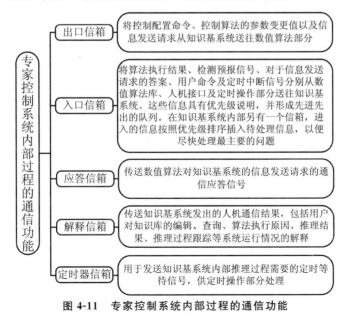

图 4-11　专家控制系统内部过程的通信功能

一般地,人-机接口子过程传播两类命令。一类是面向数值算法库的命令,如改变参数或改变操作方式;另一类是指挥知识基系统去做什么的命令,如跟踪、添加、清除或在线编辑规则等。

4.4.2 知识基系统的内部组织和推理机制

1.控制的知识表示

专家控制把系统视为基于知识的系统,系统包含的知识信息分类如图 4-12 所示。

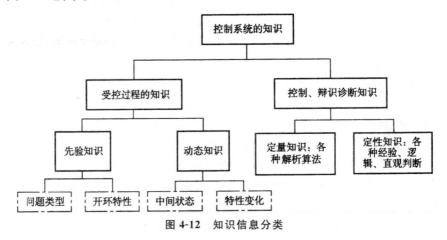

图 4-12 知识信息分类

按照专家系统的结构,有关控制知识可以分类组织,形成数据库和规则库,从而构成专家控制系统中的知识源组合。一般地,数据库主要包括 4 个部分,分别为事实、证据、假设和目标。其中,所谓事实,具体指的是已知的静态数据;所谓证据,具体指的是测量到的动态数据;所谓假设,具体指的是由事实和证据推导得到的、用于补充当前事实集合的中间结果;所谓目标,具体指的是系统的性能指标。

上述控制知识的数据结构通常用框架形式表示。规则库一般用产生式规则表示,即"if(控制局势)then(操作结论)"。其中,控制局势即为事实、证据、假设和目标等各种数据项表示的前提条件,而操作结论即为定性的推理结果,它可以是对原有控制局势知识条目的更新,还可以是某种控制、估计算法的激活。

2.知识基系统的黑板法模型

图 4-13 给出了知识基系统的结构示意图。通过图 4-13 可以发现,知识基系统主要由 3 部分组成,分别为知识源、黑板机构和调度器。整个知识

基系统采用黑板法模型进行问题求解。黑板是一切知识源可以访问的公用数据结构。黑板法(Blackboard Approach)首先是在 HEARSAY-Ⅱ语音理解系统中发展起来的,是一种高度结构化的问题求解模型,用于适时问题求解,即在最适当的时机运用知识进行推理。它的特点是能够决定什么时候使用知识、怎样使用知识。另外还规定了领域知识的组织方法,其中包括知识源(KS)这种知识模型,以及数据库的层次结构等。

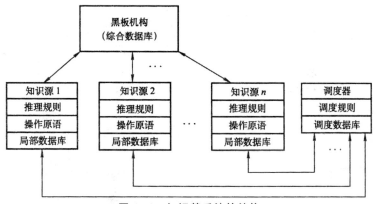

图 4-13　知识基系统的结构

在图 4-13 中,知识源是与控制问题子任务有关的一些独立知识模块。可以把它们看作是不同子任务问题领域的小专家。图 4-14 给出了知识源的基本组成结构及其功能,通过该图可以发现,通常每一个知识源都具有比较完善的结构体系。

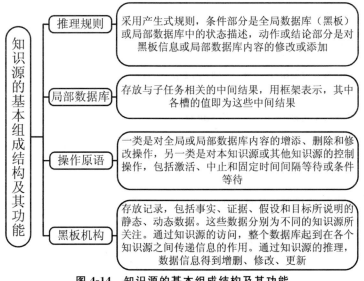

图 4-14　知识源的基本组成结构及其功能

调度器的作用是根据黑板的变化激活适当的知识源,并形成有次序的调度队列。图 4-15 给出了激活知识源可以采用的激活方式。一般情况下,以串行激活方式为主。

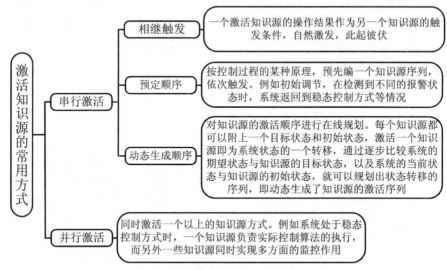

图 4-15 激活知识源的常用方式

调度器的结构类似于一个知识库,其中包括一个调度数据库,用框架形式记录着各个知识源的激活状态的信息,以及某些知识源等待激活的条件信息。调度器内部的规则库包括了体现各种调度策略的产生式规则,整个调度器的工作所需的时间信息,如知识源等待激活、彼此中断等,是由定时操作部分提供的。

3. 控制的推理模型

专家控制中的问题求解机制可以表示为推理模型,即

$$U = f(E, K, I)$$

式中:U 为控制器的输出作用集,即有

$$U = (u_1, u_2, \cdots, u_m)$$

E 为控制器的输入集,即有

$$E = (e_1, e_2, \cdots, e_n)$$

K 为系统的数据项集,即有

$$K = (k_1, k_2, \cdots, k_p)$$

I 为具体推理机构的输出集,即有

$$I = (i_1, i_2, \cdots, i_l)$$

f 为一种智能算子,它可以表示为"if E and K then(if I then U)",即根据

输入信息 E 和系统中的知识信息 K 进行推理,然后根据推理结果,确定相应的控制行为 U。在此,智能算子 f 的含义用了产生式的形式,这是因为产生式结构的推理机能够模拟任何一般的问题求解过程。实际上,f 算子也可以基于知识表示形式来实现相应的推理方法。

专家控制推理机制的控制策略一般仅仅用到正向推理是不够的。当一个结论不能自动得到推导时,就需要使用反向推理的方式,去调用前链控制的产生式规则知识源或者过程式知识源验证这一结论。

4.5　专家控制系统的设计与应用实例

专家控制系统的设计与应用实例很多,在这里,我们以工业上生产纸张的专家智能控制为例来展开讨论分析。

4.5.1　造纸过程简述

工业上生产纸张的过程非常复杂,涉及许多物理化学变化,如果某一环节控制不当,极有可能造成很大的损失。仔细分析纸张的生产工艺流程,我们可以将其分为两步,即制浆和造纸。在造纸过程中,纸页的定量和纸页的水分是两个最重要的控制对象。原因主要有两个方面:一方面,纸页的定量和纸页的水分对纸张的质量和成品率具有十分重要的影响;另一方面,合理地控制纸页的水分,并且有效地进行纸页定量,不仅可以充分提高原料和能源的利用率,而且可以降低工作人员的劳动强度,使得生产成本大幅度降低。因此,多年来,对于造纸过程这样复杂的系统,出现了许多控制方案。然而多数方案都需要知道过程的精确数学模型,否则达不到预期的控制效果。虽然自校正控制算法可以在线辨识模型,但是这种递推算法的运算量大且存在算法的复杂性和收敛性问题,使得这种控制算法的应用受到限制。从控制的角度分析,造纸过程具有以下特点:

(1)造纸过程的数学模型难以确定且时常变化。确定数学模型困难是因为系统的环节多,阶次高,且存在着一定的非线性环节,要想通过分析过程机理建立系统的数学模型是相当困难,甚至是不可能的。

(2)干扰因素众多。在纸张制造的整个过程中,对制造系统构成严重影响的因素很多,而且这些因素往往又具有很强的不确定性,容易随时间的变化而变化。实践经验表明,影响纸面定量和水分的主要因素包括纸浆浓度、蒸汽压力、白水压力、环境温度、纸机车速、环境湿度、毛布的脱水能力、烘缸温度等。

（3）纸页的定量和水分两量间相互影响，形成一个具有耦合的多变量系统。调节纸浆流量不仅影响纸页的定量，也影响纸页的水分；同样，调节蒸汽流量不仅影响纸页的水分，还影响纸页的定量，因此，在控制上要综合考虑。

（4）过程的动态特性不仅时间常数大，且纯滞后时间也很长，这主要是由于造纸工艺过程长而造成的。

4.5.2 造纸过程的专家智能控制

根据造纸过程这一被控对象复杂而又难以控制的特点，为了充分发挥计算机的潜力，汲取人的丰富经验及智能特性，可以采用专家智能控制方案。

要想研究造纸过程的专家智能控制，第一步就应该分析造纸过程的经验与知识，即研究其知识库结构。因为只有将纸张制造过程的知识库有效地建立起来，才能在其基础上进一步搭建适用于造纸过程的专家智能控制系统。一般地，造纸过程的专家智能控制主要包括如下两个方面：

（1）知识获取。顾名思义，所谓知识获取，就是广泛收集纸张制造过程中的知识与经验。一般地，造纸过程的有关知识和经验主要由造纸工人、造纸工艺工程师、造纸过程控制人员所掌握。要想获取这些知识，主要的途径有两条，一方面是从相关人员处直接获取，另一方面则是通过实地考察而获得。

（2）知识表达。所谓知识表达，具体就是将所获取的与造纸相关的知识程序化，使之转化为造纸过程的专家智能控制系统的规则，进而使得系统具备智能控制造纸过程的能力。将专家知识程序化的过程称为编码，编码过程最常用的语言有 PROLOG 语言等，而编码后的可运行程序则自然而然地需要存入相关计算机内。为了方便程序化知识的共享，专业人员一般会将其编织成一种名为"知识库"的可共享文件。

图 4-16 给出了纸张制造过程的知识库结构示意图。这是一个树状结构图，容易看出，纸张制造过程的知识库主要包含 4 个分枝，分别是控制单元、操作者、传感器和执行机构。在工程实际中，纸张制造过程的知识库并不可以直接按照图 4-16 来划分，其划分依据一般为系统的块结构。然而，对于纸张制造过程的知识获取、知识表达以及相关问题的集中推理而言，图 4-16 具有十分重要的意义。

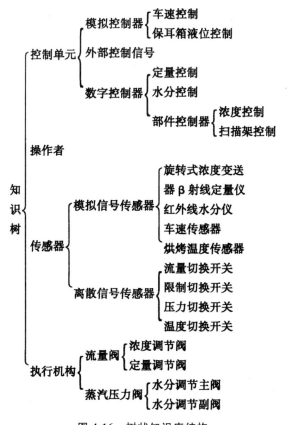

图 4-16 树状知识库结构

接着,我们来分析传感器和执行机构。传感器的知识主要用来对读出数据进行校正及补偿,以提高传感器的测量精度。假设已知传感器的静态测量方差和平均偏差,在时间 Δt 内,连续测得 N 个数据。由于 Δt 很小,因而可以认为这 N 个数据是相同的。但是,由于测量误差和随机噪声的影响,这 N 个测量值实际上是不同的。这时,可以根据已有的传感器数据来进行校正和补偿,一个行之有效的方法是利用卡尔曼滤波来估计出当前的真实值,与此同时,也可以估计出相应的动态测量方差,这个数据可用来检测传感器的有效性,以检查传感器是否工作正常。

最后来进一步分析各控制单元。由图 4-16 可知,造纸过程的控制单元主要分为 6 个控制子系统,即车速控制、保耳箱液位控制、定量控制、水分控制、浓度控制和扫描架控制系统。接下来,我们分如下几个方面来进行讨论:

(1)对车速比较慢的老式造纸机,其驱动装置采用模拟控制系统进行控制,模拟量速度基准用手动给出。调节车速,能迅速地调节有关纸张的各种物理参量,如定量、水分、白度、强度等。但从工艺角度来讲,车速是不能随便改动的,只有改变产品才准许改动。因此,车速按控制主要是采用模拟控制电路作恒速控制。可以通过测速装置将速度信号引入计算机,作为监控和超前补偿。

(2)保耳箱液位控制系统是防止浆拉空现象的重要装置,它的工作原理是通过机械式比例调节来实现其功能,调节方式相对简单。这里,我们先对浆拉空现象进行简要介绍。我们容易发现,适当地关小流量阀,就可以有效减小进入保耳箱的浆量。但是,起稀释作用的白水却并没有减少,这样一来,液位高度将无法保存,纸张的质量将可能受到严重的影响,而这种现象就是所谓的浆拉空现象。理论和实践都可以很容易地表明,当浆拉空现象发生时,只需适当加大稀释白水的流量,其影响就可以明显缓解。在造纸过程的专家智能控制系统中,人们通常利用规则"if 车速保持恒定 and 定量阀没有大的变化 and 定量突然有大的波动 and 定量仪工作正常 then 保耳箱可能浆拉空"来判断浆拉空现象是否发生。

(3)浓度控制和扫描架控制可分别采用单片机进行单元式控制,它们与主系统(定量、水分控制)是相互独立的。但主机可单向从这两个子系统中接收信号,从而作出判断,如"if 浓度变化增量为 ΔC then 定量阀附加增量为 $\Delta U_b = -K \Delta C$",其中,K 为前馈增益,它是由实际测试获得的,并存储在数据库中。

(4)图 4-17 给出了造纸过程的专家智能控制的定量和水分控制系统示意图。定量计和水分计安置在卷纸机上,在卷纸机的横方向上以一定速度进行扫描,就可以检测出定量和水分的数据并读入到计算机中。在计算机内,这些数据按一定的采样周期变换为控制用数据,与定量设定值和水分设定值进行比较,通过控制器反馈给流量调节器与压力调节器。如果外部条件可以通过中断而给出,则操作单元程序(OUP)可以使各种功能程序良好地按顺序执行动作。

图 4-18 给出了这个动作过程的程序结构。程序可由专家系统进行管理,如果外部条件可以通过中断而给出,则操作系统程序可以使各种功能程序良好地按顺序执行动作。图 4-19 列出了定量和水分控制系统的各种功能程序。

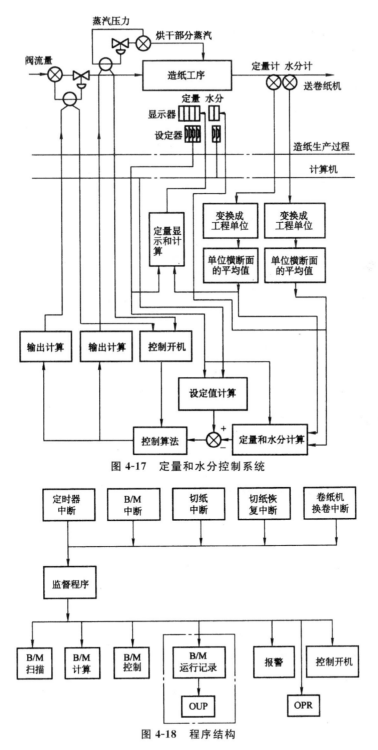

图 4-17 定量和水分控制系统

图 4-18 程序结构

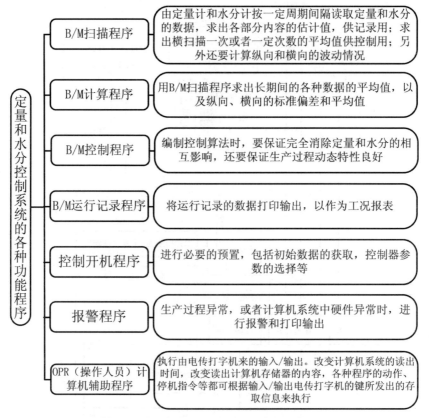

图 4-19 定量和水分控制系统的各种功能程序

4.6 专家系统开发工具

4.6.1 专家系统开发工具 Clips 简介

1. 专家系统开发工具介绍

目前,专家系统的开发工具可以分为 3 种方式:第一种方式,采用通用的高级程序语言直接编写专家系统的应用程序,常使用的高级编程语言有 C 语言、Pascal 语言、Fortran 语言等。第二种方式,采用传统的人工智能语言实现,如 Usp、Prolog 语言等。第三种方式是采用专门的专家系统开发工具完成专家系统编程任务,如 Clips 工具等。当然专门的开发工具也是一些专业人士使用通用的高级语言编写开发而成的。这 3 种开发方式，各有其本身的优缺点。现在，一般专家系统的开发多采用一些具有方便、快捷、开发周期短等诸多优点的专用专家系统开发工具完成。本节介绍的 Clips 开发工具就是一种优秀的专家系统开发工具。

2. Clips 介绍

Clips(C LanKuaKe Integrated Production System)是美国航空航天局约翰逊太空中心（NASA/Johnson Space Center）于 1985 年推出的一种专家系统工具，Clips 是一种范例化编程语言，支持规则的、面向对象和面向过程的编程工具。可以广泛地应用于各类专家系统的开发和各类知识处理系统中。因此，一些专家系统开发人员热衷使用 Clips 作为系统开发的工具。

4.6.2　专家系统开发工具 Clips 的使用

1. Clips 的安装运行

以 Clips 的 6.2 版本为例说明。该版本具有 DOS 和 Windows 两个版本可以应用于个人计算机上。需要可以登录网站：http://www.ghgcorp.co-rn/clips/CLIPS.html 下载其应用软件及一些学者使用 Clips 工具开发的若干个景点的专家系统程序，供学习者使用与参考。将相应的软件下载到本地计算机的硬盘上，文件经过解压缩之后无需进行安装就可以直接执行，DOS 版的 Clips 软件需要在 DOS 操作系统或者在 Windows 的 DOS 模式下运行，而且是在 DOS 提示符下手动键入 Clips 执行 Clips 专家工具。Clips 的提示符是 CLIPS>，标志着 Clips 专家系统工具启动。而且 Clips 的所有的执行命令都是在 Clips> 的提示符下直接键入执行的。而 Windows 版相对 DOS 版就有很多优势，双击 CLIPSWin.exe 文件，就可直接执行。Clips 启动之后，提供给用户一个 Windows 界面，一些 Clips 的主要命令可以在其窗口的下拉式菜单的命令或者一些交互式窗口中方便地完成执行。而且启动时还为用户提供一个 Clips 主窗口，也是以 CLIPS> 为标志的提示符，Clips 的所有命令就可以在其提示符下键入相应的命令来完成执行。在 Clips 专家系统开发时，一般使用 Clips 的 Windows 版，在其主窗口完成设计开发的任务。所以在下面介绍 Clips 的使用时都是默认在 Windows 的主窗口命令行完成的。

2.Clips 的使用

1)Clips 的记号约定

Clips 约定的记号是 Clips 工具语法允许的合法符号,主要有 4 种,分别是()、[]、<>、{},详述如下:

(1)圆括号()。Clips 语法规定,每条完整的语句表达式以圆括号"("和")"起始和结尾。

(2)方括号[]。方括号表示括号中的内容是可以选择的。

例如,语法描述为:(example[])。

可以是(example)或者(example 1)等。

(3)尖括号<>。尖括号表示可以有括号内的内容规定的相同类型值任意替换。

例如,语法描述:(example<inteKer>)。

可以替换成(example<1>)或者(example<2>)、(example<3>)等。

(4)花括号{}。花括号表示可以是括号内的任意一项。

例如,语法描述:{all none some}。

其等价于 all|none|some,可以替换成 all,或者 none,或者 some。

另外,描述语句后面的 ∗ ,表示语句可以用规定的值替换任意多次。

例如,语法描述:(example<inteKer> ∗),可以替换成为(example 1)、(example 1 2)或者(example 1 2 3)等。

还有,描述语句后面的+,则表示该语句描述的一个或者多个值应该被用来代替的语句描述。例如,语法描述,(example<inteKer>+)。

其等价于语句(example<inteKer><inteKer>,lc)。

最后值得注意的一点是,Clips 语言对字母的大小写敏感,类似于 C 语言的语法预定。就是说,不相同的字母或字母的组合 Clips 视为不同的代码。例如,example 和 EXAMPLE 是不同的代码。

2)Clips 的知识的表示

可以理解为专家系统 Clips 是由知识库+产生式系统推理模型组成。

知识库由初始事实、初始对象实例和规则库组成。

推理模型由黑板(用于存储推理结果数据)和黑板数据(包括当前推理结果和历史结果数据),推理机(黑板数据针对知识库的规则进行模板匹配),以及行动的执行次序控制 3 部分组成。黑板数据包括开始推理以来得到的事实集和对象实例集。

行动的执行顺序控制:主要是运用数据驱动原则和 RHS 行动执行的优先控制规则。

因此,知识的表示是构造专家系统的基础。

(1)域(field)。Clips 表示知识的基本单位是域(field)。又分为常量域和变量域两种。

常量域有 3 种类型:字(word)、字串(string)、数(number)。

字:一般以英文字母为首的一串字符。通常是以方便理解和区别为原则进行定义字的。当然,字的名字是不可以与 Clips 的命令符等相冲突的。例如,goal,monkey。

字串:用双引号括起来的一串字符。例如,"word"。

数:分为整型数和实型数。

与常量域相应的是变量域,变量域有两种:单变量域(? name)和多变量域($? name)。

(2)事实(fact)。专家系统进行推理的基本依据就是事实。Clips 中的一个信息块(chunk)被称为事实。事实用一个有序的常量表示,其表示的形式为:(field 1,field 2,…,field n)。

不同的专家系统中定义的形式不仅完全相同,在一些实际应用中为了清楚地描述各域之间的相互关系。表示事实时,事实第一的域通常是一个字,一般以用各域的关系英文单词定义。例如,(switch-of on off)。

(3)模式(pattern)。模式是组成规则的前件的基本单位,一个模式用一个有序的域表来表示,当然域表中的域可以是常量域也可以是变量域。

(4)规则(rules)。在定义了事实之后,专家系统要完成推理工作,还必须定出与事实相应的规则,因为 Clips 是基于规则推理的专家系统的开发工具。Clips 中定义的规则可以直接在 Clips>的提示符下键入命令完成。若是 Windows 版本,还可以方便地使用编辑器进行创建规则。

3)规则的定义

规则定义的语法描述:

(defrule<rule name[comment]<parers> * ;Left Hand Side(LHS) of the rule=><action> *);Right Hand Side(RHS)of the rule

整条规则语句必须用括号括起来,规则的开头部分,即=>的左部分,并称之为 LHS。包括关键词 defrule、规则名、注释部分等 3 部分。其中,关键词 defrule 是用来标识规则定义语句;规则名是本条规则的标识,可以是 Clips 中合法的任意英文单词,以方便记忆为原则。注意若与前面规则的定义的规则名重名,Clips 将覆盖掉前面的旧规则;注释部分是以符号";"为标识的,为了用来理解程序而加入的部分代码。注释部分程序运行时并不占用系统资源。

规则语句中的符号"=>",简称为箭头(Arrow)。它将整条规则分成两部分——前件和后件。前件就是刚提到的 LHS,后件也称为右部分(RHS)。如果一条规则可以理解为 if… then… 的形式,那么符号"=>"就可以埋解为 then 部分的标识。

专家系统进行的推理的过程,就是试图使规则的模式与事实列表中的事实相匹配过程,如果规则中的所有模式与事实相匹配,那么规则就被激活(Activated),并放入议程(AKenda)。规则的后件是行为列表,在控制系统中是专家控制器对被控对象等其他执行机构的执行命令指令行为。当规则被触发时,这控制机构执行相应的控制命令行为。而当议程中有多条规则行为时,Clips 则要依据先前定义的规则的优先级高低来触发高优先级的那条规则,控制器执行相应控制行为输出。

4.7 一种仿人智能控制

4.7.1 仿人智能控制的基本思想和研究方法

本质上讲,智能控制本身就是一种模仿人的思维和意识进行系统控制的一门现代控制技术,它的发展目标就是要通过不断地研究和改进,使得智能水平达到甚至超过人类的意识水平。在计算机科学领域,有可能完全实现人工智能的路径有多种,有一种容易理解的路径就是,首先模拟人的意识结构,接着模拟人的意识行为。而基于这一思想,即可设计一种仿人智能控制系统。即首先模仿人的控制结构来设计智能控制系统,然后在此基础进一步展开研究探索,使得系统可以进一步模仿人的行为。由此看来,这类仿人智能控制的研究重心并不在于被控对象上,而是在控制器上着手,使之具备与人更接近的智能。

就目前的发展状况来看,学界在仿人控制理论方面的主要研究方法是:以递阶式智能控制系统为模板,从其最底层开始着手,深入总结人类的直觉、知识、逻辑推理行为、经验、技巧以及学习知识的一般规律,然后尽可能应用目前最先进的计算机理论及控制技术进行模拟仿真,进而开发实用、灵活、拓展性好、精度高的控制算法,进而构建一类仿人智能控制理论或设计一套仿人智能控制系统。

4.7.2　仿人智能控制的相关概念和定义

在这里,我们将仿人智能控制的相关概念和定义简要讨论如下:

(1)特征模型。一般地,在研究智能控制系统时,需要用一些有效的模型来描述系统动态特性,特征模型 Φ 就是其中的一种。特征模型 Φ 是一种集定性与定量于一体的模型,它可以按照不同控制问题的不同求解方案,充分考虑不同控制指标的具体要求,有效地划分系统的动态信息空间 $\sum$。这样一来,所划分出来的每一个子区域都可以准确地与系统的一个特征动态 φ_i 相对应。换句话说,特征模型 Φ 正好是系统所有特征状态 φ_i 的集合,如果用数学表示,则有

$$\Phi = \{\varphi_1, \varphi_2, \cdots, \varphi_n\} \, (\varphi_i \in \sum)$$

如图 4-20 所示,给出了系统特征状态的一个具体实例。其中,图 4-20(a)给出的是一种简单的特征模型;图 4-20(b)给出的则是系统偏差响应曲线。根据特征模型的定义可知,图 4-20(b)所示的系统偏差响应曲线上的每一段都与图 4-20(a)所示的系统动态信息空间 $\sum$ 被划分出的一个块区域对应,从而表明系统正处于某种特征运动状态。例如,对于特征状态 φ_1,其表达式为

$$\varphi_1 = \left\{ e \cdot \dot{e} \geq 0 \cap \left| \frac{\dot{e}}{e} \right| > \alpha \cap |e| > \delta_1 \cap |\dot{e}| > \delta_2 \right\}$$

它所表示的特征状态为:系统受到扰动,正在偏离目标值,而且偏离的速度较大。在上式中:参数 α、δ_1 和 δ_2 都代表阈值。通过上式可以进一步发现,系统的特征状态可以进一步描述为一些特征基元的组合。设系统的特征基元集为

$$Q = \{q_1, q_2, \cdots, q_n\}$$

且

$$q_1 : e \cdot \dot{e} \geq 0 ; q_2 : \left| \frac{\dot{e}}{e} \right| > \alpha ; q_3 : |e| < \delta_1 ; q_4 : |e| > M_1 ; q_5 : |\dot{e}| < \delta_2 ; q_6 : |\dot{e}| > M_2$$

$$q_7 : e_{m_i - 1} \cdot e_m > 0 ; q_8 : \left| \frac{e_{m_i - 1}}{e_m} \right| \geq 1 ; \cdots$$

式中:参数 α、δ_1、δ_2、M_1、M_2 是阈值;参数 e_{m_i} 表示误差的第 i 次极值。如果令

$$\boldsymbol{\Phi} = (\varphi_1, \varphi_2, \cdots, \varphi_n), Q = (q_1, q_2, \cdots, q_n),$$

则显然有

$$\boldsymbol{\Phi} = \boldsymbol{P} \odot \boldsymbol{Q}。$$

式中：P 是一个关系矩阵，其元素 p_{ij} 可取 -1、0 或 1 这 3 个值，分别表示取反、取零和取正，符号 $\odot$ 表示"与"的矩阵相乘关系。

（2）特征辨识。引入特征模型 Φ 的根本目的在于利用其对采样信息进行在线处理、模式识别，这一过程称为特征辨识。事实上，特征辨识的结果就是对系统的当前特征状态作出有效的判断。

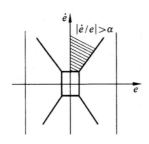

（a）一种简单的特征模型

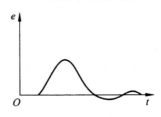

（b）偏差响应曲线

图 4-20　特征状态的示例

（3）特征记忆。仿人智能控制器的控制策略与控制效果主要由特征信息来体现，故而系统必须将这些信息记录下来，而系统记录这些信息的过程就称为特征记忆。另外，仿人智能控制器所记忆的特征信息还能从侧面反映被控对象的某些性质特征以及控制任务的某些要求。一般地，人们将特征信息称为特征记忆量，用

$$\Lambda = \{\lambda_1, \lambda_1, \cdots, \lambda_p\} \, (\lambda_i \in \sum)$$

来表示。式中：λ_1 表示误差的第 i 次极值为 e_{m_i}；λ_2 表示控制器前期输出保持值 μ_H；λ_3 表示误差的第 i 次过零速度 e_{0_i}；λ_4 表示误差极值之间的时间间隔 t_{e_m}；$\cdots$。特征记忆量的引入可使控制器接收的大量信息得到精炼，消除冗余，有效地利用控制器的存储容量。特征记忆可直接影响控制与校正输出，可作为自校正、自适应和自学习的根据，也可作为系统稳定性监控的依据。

（4）控制模态或决策模态。对于仿人智能控制器，其输入信息、特征记忆量与其输出信息之间存在映射关系，这种映射关系可以是某种定量关系，也可以是某种定性关系，学界称为控制模态，又称作决策模态。一般地，控

制模态常用一个集合来表示,记为

$$\Psi = \{\psi_1, \psi_2, \cdots, \psi_l\}$$

如果 Ψ_i 表示一类定量映射关系,其形式可以大致表示为

$$\Psi_i : u_i = f_i(e, \dot{e}, \lambda_i, \cdots)(u_i \in U)(\text{输出信息集})$$

如果 Ψ_j 表示一类定性关系,其形式可以大致表示为

$$\Psi_j : f_j \rightarrow \text{if}(\text{条件}) \text{then}(\text{操作})$$

这里需要特别注意的是,人在处理某一控制问题时,其策略往往是灵活多变的。对于不同的对象、同一对象的不同控制要求、同一控制对象的不同状态等,往往会采用不同的控制策略,以最大限度地提高控制效率。对于这种现象,仿人智能控制发展起了多模态控制决策,以期获得更高的仿人效果。

4.7.3　仿人智能控制的基本原理

大量的研究表明,人的控制决策过程本质上是一种启发式的直觉推理过程,这就决定了仿人智能控制方法要想获得更好的拟人效果,就必须依赖于启发式直觉推理逻辑,即通过特征辨识判断系统当前所处的特征状态,确定控制(决策)的策略,进行多模态控制(决策)。

深入研究即可发现,对于仿人智能控制而言,无论是其特征辨识过程,还是其多模态控制过程,其本质上都属于一种信息处理过程,但是这种处理过程具有一个显著的特点,那就是具有二次映射关系。其中,从特征模型到控制(决策)模态集的映射可以归为一次映射 Ω,其形式可以大致概括为

$$\Omega : \Phi \rightarrow \Psi, \Omega = \{\omega_1, \omega_2, \cdots, \omega_l, \cdots, \omega_s\}$$

显然,一次映射属于定性映射。进一步研究人的启发式直觉推理过程,我们就可以获得与一次映射相对应的产生式规则,其形式可以归结为

$$\omega_i : \text{if } \varphi_i \text{ then } \psi_i$$

有别于一次映射,控制(决策)模态本身所包含的映射属于二次映射,其形式可以大致概括为

$$\Psi : R \rightarrow U, \Psi = \{\psi_1, \psi_2, \cdots, \psi_i, \cdots, \psi_r\}$$

式中: R 为控制器输入信息集合 E 与特征记忆量集合 Λ 的并; U 为控制器输出信息的集合。如前文所述,这一次映射或者表示为定量映射,或者表示为定性映射。

为简化起见,上述二次映射关系可定义为两个三重序元关系。设仿人智能控制过程表示为 IC,则有

$$\text{IC} = (\Phi, \Psi, \Omega), \Psi = (R, U, F)$$

式中: F 表示控制(决策)模态包含的映射关系。

控制模态集 Ψ 也应是仿人智能控制器的先验知识。实际上每一控制模态都可由一些模态基元构成。例如,在运行控制这一层次上,相应的控制模态集中,常用的模态基元表示有:m_1:比例控制模态基元 K_Pe;m_2:微分控制模态基元 $K_D\dot{e}$;m_3:积分控制模态基元 $K_I\int edt$;m_4:峰值误差和控制基元模态 $K\sum_{i=1}^{n}e_{m_i}$;m_5:保持控制模态基元 u_H;m_6:磅-磅控制模态基元 $\pm u_{max}$;$\cdots$。

设输出信息集 U 也表示输出量的向量,M 为由控制模态基元组成的向量,则有

$$\Psi:U=LM$$

式中 L 为关系矩阵,元素只有 -1、0、1 这 3 种,由此构成的控制模态如下:

(1)Ψ_1。比例微分加保持

$$u=u_H+K_Pe+K_D\dot{e}$$

(2)Ψ_2。开环保持

$$u = K \sum_{i=1}^{n} e_{m_i}$$

(3)Ψ_3。磅-磅控制

$$u=\pm u_{max}$$

以此类推下去。

4.7.4 仿人智能控制器的结构

图 4-21 是仿人控制的结构示意图。仿人智能控制器可表示为一种高阶产生式系统结构,它由目标级产生式和间接级产生式组成,具体的结构是分层递阶的,并遵照层次随"智能增加而精度降低"的原则。较高层解决较低层中的状态描述、操作变更及规则选择等问题,间接影响整个控制问题的求解。这种高阶产生式系统结构实际上是一种分层信息处理与决策机构。

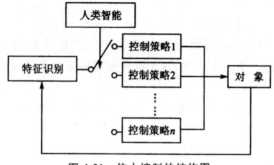

图 4-21 仿人控制的结构图

　　图 4-22 表示了一个单元控制器的二阶产生式系统结构。在图 4-22 中,运行控制层 MC 是目标级产生式,直接面对实时控制问题,构成 0 阶产生式系统;参数校正层 ST 属间接级产生式,解决 MC 中控制模态的自校正问题,对实时控制起间接作用,ST 与 MC 一起构成一阶产生式系统;任务适应层 TA 也属间接级产生式,解决 MC、ST 中特征模型、推理规则、控制模态的选择和修改,以及自学习生成的问题,它更间接地影响实时控制,TA、MC 和 ST 一起构成二阶产生式系统。系统的每层结构都有各自的数据库 DB、规则库 RB、特征辨识器 CI 和推理机 IE,层间信息交换通过公共数据库完成。这种紧耦合的并行运行机制便于实现快速的自适应和自学习控制。

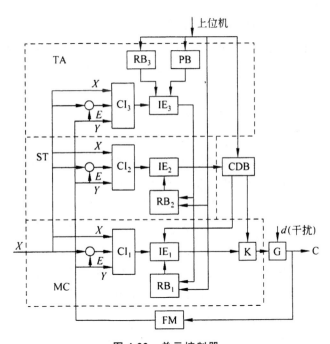

图 4-22　单元控制器

　　图 4-22 所示的单元控制器各层都用二次映射关系来描述,即

$$CI=(\Phi,\Psi,\Omega)$$

$$\Psi=(R,U,F)$$

其中

$$\Phi=\{\Phi_1,\Phi_2,\Phi_3\}$$
$$R=\{R_1,R_2,R_3\}$$
$$\Psi=\{\Psi_1,\Psi_2,\Psi_3\}$$
$$U=\{U_1,U_2,U_3\}$$

$$\Omega = \{\Omega_1, \Omega_2, \Omega_3\}$$
$$F = \{F_1, F_2, F_3\}$$

式中:各量的下标"1""2""3"分别相应于 MC、ST、TA 的层次序号(下同)。

在 MC 和 ST 中,特征辨识器 CI_1 和 CI_2 按照各自的特征模型 Φ_1 和 Φ_2,根据给定输入 X,经滤波器 FM 处理后得到系统输出 Y 及系统输出误差 E 等在线信息,判别系统当前所处的特征运动状态,再通过推理机 IE_1 和 IE_2,分别由规则集 Ω_1 和 Ω_2 直接映射到控制模态集 Ψ_1 和参数校正模态集 Ψ_2,激励相应的控制模态和参数校正模态,进而完成输入到控制或校正输出的映射。若对象 G 是多变量系统,需经协调器 K 协调后完成控制任务。

在 TA 中,总规则库 RB_3 存放着有关领域控制专家的先验知识,以及实现自学习功能的元知识 $(\Phi_3, \Psi_3, \Omega_3)$。PB 是控制性能指标库,存放着预先设置好的各种直观的性能指标(如上升时间、超调量等)和瞬态指标。

TA 的主要功能是任务适应和自学习寻优,即完成 $(\Phi_1, \Psi_1, \Omega_1)$ 和 $(\Phi_2, \Psi_2, \Omega_2)$ 的自组织、自修正和自生成过程,初投入运行时,TA 首先通过试探控制来积累足够的信息,按照已有的先验知识选择或初始划分特征信息空间,形成初始的 $(\Phi_{10}, \Psi_{10}, \Omega_{10})$ 和 $(\Phi_{20}, \Psi_{20}, \Omega_{20})$。然后在控制中完成 MC 和 ST 的任务适应和自学习寻优,其过程可描述为产生式"if $\{\Phi_3', \Lambda, P_b\}$ then $\{\Phi_1, \Psi_1, \Omega_1\}$ and $\{\Phi_2, \Psi_2, \Omega_2\}$"。式中:$\Phi_3'$ 为任务适应或自学习的特征模型;Λ 为特征记忆集;P_b 为问题求解的目标集。运行中若任务或对象类型发生变化,TA 首先通过变化了的特征模型 Φ_3'' 确定新的目标集 P_b',并结合控制中形成的新的特征记忆集 Λ',对 MC 和 ST 进行增删或修改,这种过程可表示为产生式"if Φ_3'' then P_b'"和"if $\{\Phi_3'', \Lambda', P_b'\}$ then $\{\Phi_1', \Psi_1', \Omega_1'\}$ and $\{\Phi_2', \Psi_2', \Omega_2'\}$"。

任务适应和自学习寻优过程结束后,TA 成为一个稳定性监控器。它根据对系统不稳定的特征模型的判别,确定消除不稳定因素的措施。

4.8 仿人智能控制的多种模式

在这里,我们主要讨论仿人智能积分控制、仿人智能采样控制、仿人极值采样控制的有关内容。

4.8.1　仿人智能积分控制

1.仿人智能积分原理

众所周知,在控制系统中引进积分控制作用是减小系统稳态误差的重要途径。图 4-23(c)给出了常规 PID 控制中的积分控制作用对误差的积分过程。这种积分作用在一定程度上模拟了人的记忆特性,它"记忆"了误差的存在及其变化的全部信息。依据这种积分形式的积分控制作用有以下缺点:一是积分控制作用针对性不强,甚至有时不符合控制系统的客观需要;二是由于这种积分作用只要误差存在就一直进行积分,在实际应用中易导致"积分饱和",会使系统的快速性下降;三是这种积分控制的积分参数不易选择,而选择不当会导致系统出现振荡。

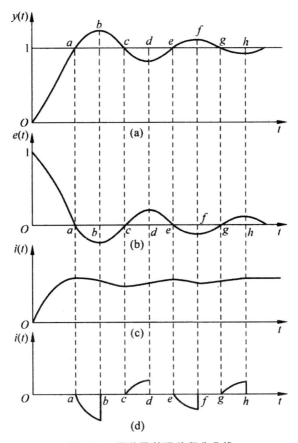

图 4-23　误差及其误差积分曲线

造成上述积分控制作用不佳的原因在于,这种积分控制作用没有很好地体现出有经验的操作人员的智能控制决策思想。在图 4-23(c)的积分曲线区间 (a,b) 中,积分作用和有经验的操作人员的控制作用相反。此时系统出现了超调,正确的控制策略应该是使控制量在常值上加一个负的控制量,以压低超调,尽快降低误差。但在此区间的积分控制作用却增加了一个正的控制量,这是由于在区间 $(0,a)$ 的积分结果很难被抵消而改变符号,故积分控制量仍保持为正。这样的结果导致系统超调不能迅速降低,从而延长了系统的过渡时间。

在上述积分曲线的 (b,c) 段,系统误差由最大值向减小的方向变化,并有趋向稳态的变化趋势,此时应加一定的比例控制作用,但不应加积分控制作用,否则会造成系统回调。

为了克服上述积分控制作用的缺点,采用如图 4-23(d)中的积分曲线,即在 (a,b)、(c,d) 及 (e,f) 等区间上进行积分,这种积分能够为积分控制作用及时地提供正确的附加控制量,能有效地抑制系统误差的增加;而在 $(0,a)$、(b,c) 及 (d,e) 等区间上,停止积分作用,以利于系统借助于惯性向稳态过渡。此时系统并不处于失控状态,它还受到比例等控制作用的制约。这种积分作用较好地模拟了人的记忆特性及仿人智能控制的策略,它有选择地"记忆"有用信息,而"遗忘"无用信息,所以可以很好地克服一般积分控制的缺点。它具有仿人智能的非线性积分特性,称这种积分为仿人智能积分。

2. 仿人智能积分控制算法

为了把智能积分作用引进到控制算法中,首先必须解决引入智能积分的逻辑判断问题。事实上,由图 4-23 中的智能积分曲线对照图 4-24 可以得出如下判断条件。

当本次采样时刻的误差 e_n 及误差变化 Δe_n 具有相同的符号,即 $e_n \cdot \Delta e_n > 0$ 当时,对误差进行积分;相反,误差 e_n 及误差变化 Δe_n 具有不同的符号,即当 $e_n \cdot \Delta e_n < 0$ 时,对误差不进行积分。这就是引入智能积分的基本条件。再考虑到误差和误差变化的极值点,即边界条件,可以把引入智能积分和不引入智能积分的条件综合如下:

(1)当 $e \cdot \Delta e > 0$ 或 $\Delta e = 0$ 且 $e \neq 0$ 时,对误差积分,即引入智能积分。

(2)当 $e \cdot \Delta e < 0$ 或 $e = 0$ 时,不对误差积分,即不引入积分作用。

例如,有学者设计的一种具有智能积分控制作用的模糊控制算法,其控制规则的量化描述为

$$U = \begin{cases} \langle \alpha E - (1-\alpha)C \rangle, E \cdot C < 0 \text{ 或 } E = 0 \\ \langle \beta E + \gamma C + (1-\beta-\gamma) \sum\limits_{i=1}^{k} E_i \rangle, E \cdot C > 0, C = 0, E \neq 0 \end{cases}$$

$$(4\text{-}8\text{-}1)$$

其中,U、E、C 均为经过量化的模糊变量,其相应的论域分别为控制量、误差、误差变化;而 α、β 及 γ 为加权因子,且 α、β、$\gamma \in (0,1)$;符号 $\langle a \rangle$ 表示取最接近于 "a" 的一个整数;$\sum E_i$ 为智能积分项,引入它是为了提高控制系统的稳态精度。

实现上述控制算法的一种控制系统的结构如图 4-24 所示。图中虚线框部分是智能积分控制环节,它首先判断是否符合智能积分条件,若符合条件则进行智能积分Ⅱ,否则,不引入积分作用。

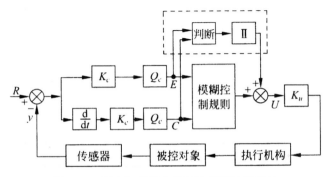

图 4-24　具有智能积分控制的模糊控制系统

综上所述,仿人智能积分控制算法是一种实现智能控制的结构简单且控制性能又好的控制算法。

4.8.2　仿人智能采样控制

目前,多数生产过程的计算机控制系统,都属于连续、离散型的混合系统。在这样的系统中,时间连续信号的检测和计算机控制量的输出,考虑信号的重现问题都需要正确选择离散时间的采样周期。而在控制过程中,主要考虑尽可能有助于提高控制质量。

1. 采样周期对数字控制的影响

香农采样定理已经给出了选择采样周期的上限,而采样周期下限的选择却受到许多因素的制约。采样周期越小越有利于重现信号,但采样周期太小会导致信噪比低、量化噪声大、易受干扰,影响控制性能。在过程控制中,控制周期选择的下限要受到控制算法运算时间的限制。因此,采样周期和控制周期并非都是越小越好。

对于数字控制器的模拟化设计方法而言,采样周期越小,数字控制器的特性越接近模拟控制器的特性。而对于数字控制器的离散化的设计方法,多数是以被离散化了的对象模型为设计的依据。对象的离散化模型依赖于采样周期的选择,于是采样周期不仅影响到模型的零、极点的位置分布,而且还影响到模型的精度。过长的采样周期甚至会导致有用的高频信息受到损失,从而使模型降阶。

2. 滞后过程的仿人智能采样控制

大量的被控过程都具有不同程度的时间滞后,给过程控制带来了困难。滞后时间 τ 与容量滞后时间常数 T 之比,反映了控制的难度。随着 $\frac{\tau}{T}$ 值的增加,控制难度相应地增大。当 τ 接近或者超过 T 时,采用普通的 PID 控制效果很差,必须采用 Smith 预估控制。但是,Smith 控制需要精确的被控过程模型,而复杂的被控过程往往很难建立其精确的数学模型,因此,对 Smith 控制已做了不少改进,出现了一些克服滞后的控制算法。尽管如此,应该说大滞后过程控制问题至今仍是控制领域备受关注的课题。

众所周知,具有纯滞后时间 τ 的对象,其控制作用必须经过时间 τ 才能体现,因此在时间 τ 内的控制是没有价值的,于是就产生了如图 4-25 所示的采样控制。某些文献提出采样周期 T_S 略大于 τ,控制时间(接通时间)Δt 约取为 $\frac{T_S}{10}$,这样选择会带来如下两点不足:

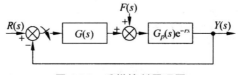

图 4-25　采样控制原理图

(1)干扰与采样发生严重的不同步。由于被控过程纯滞后时间一般较大,T_S 也就选得较大,而控制时间 Δt 又很小,这样在每个采样周期的 $T_S - \Delta t$ 时间内,系统处于开环状态,无法获取一些急需的有用信息,例如定值干扰引起输出 $y(t)$ 的变化或给定输入要求 $y(t)$ 尽快跟踪等信息。

(2)获得的反馈信息太少且无针对性,使得控制处于盲目状态,导致过渡过程时间长。

上述采样控制的不足在于消极的等待和盲目无力的控制。总之,这样的控制缺乏人工控制滞后过程的智能采样特点,人工采样控制克服大滞后的基本策略可描述为"等等→看看→调调→再等等→再看看→再调调…"。根据上述控制策略,一种仿人智能采样控制系统原理如图 4-26 所示。其中,INT 表示智能器;$F(s)$ 表示定值干扰;$G_{cj}(s)$ 表示控制器;$Y(s)$ 表示被控变量;$G_p(s)e^{-\tau s}$ 表示被控制对象;B 为中间反馈系数;$R(s)$ 为给定干扰;P 取常数"1"或"0"。

智能器的功能是控制一个智能采样开关 K,它在满足特定的条件下"断开"或"闭合",即

$$K=\begin{cases}0(断开),e\cdot\dot{e}<0 \text{ 或 } |e|<\delta\\1(闭合),e\cdot\dot{e}>0 \text{ 或 } \dot{e}=0,|e|\geqslant\delta\end{cases}\qquad(4\text{-}8\text{-}2)$$

式中:e、$\dot{e}$ 分别为误差和误差的一阶导数;δ 为不灵敏区。

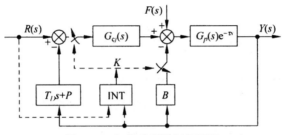

图 4-26　智能采样控制原理图

当被控制变量偏离期望值时,智能器发出 K 开关闭合的信号,进行采样,控制器及时控制,直到被控变量有回复平衡位置趋势为止;当被控系统误差值在允许范围内时,开关 K 断开,系统处于开环工作状态,此时对象所需维持的能量由控制器或由对象已储存的能量供给。

图 4-26 中 $G_{cj}(s)$ 表示第 j 种控制器,$j\in(1,2)$,这是考虑给定干扰与定值干扰往往对控制规律的作用大小不同而引入的。它的选取由设计的逻辑关系自动进行,即

$$G_{cj}(s)=\begin{cases}G_{c1}(s),\dfrac{dc(t)}{dt}\neq0\\[2mm]G_{c2}(s),\dfrac{dc(t)}{dt}=0\end{cases}\qquad(4\text{-}8\text{-}3)$$

其中,$c(t)=L^{-1}\left[\dfrac{1}{Ts+1}R(s)\right]$,$T$ 根据需要确定。这样,增强了控制器的适应性和有效性,保证了随干扰的不同而选用相应的控制器。中间比例反馈 B 的引入,主要是为了设计方便。

通过进一步分析上述智能采样控制的机理可以看出,当开关 K 闭合,系统处于闭环控制时,无论系统作随动系统,还是作定值系统,在特征方程中均会出现 $e^{-\tau s}$,但通过设置适当的控制参数,由于智能器的逻辑判断功

能,完全可以使其仅在一个较短时间内才成立,这样,就消除了不稳定因素。而当开关断开,系统处于开环工作状态时,$e^{-\tau}$对稳定性没有影响。上述智能采样控制方案,通过智能器来确定系统是开环还是闭环。在开环过程中,控制器处于具有观察功能的积极等待阶段,这种等待的目的是为更好地控制做准备;在闭环过程中,控制器处于控制阶段,是等待的行动体现,具有很强的针对性。这种控制方式巧妙地避开了$e^{-\tau}$所带来的不利影响,成功地解决了系统的稳定性问题。

智能采样控制是一种闭环中有开环,开环中含闭环的新颖控制方式,它的整个工作过程类似一个经验丰富的操作人员,既能连续地观察,又能根据需要进行实时校正。所以这种控制具有很强的鲁棒性、快速性,并且很容易通过微机程序来实现。

4.8.3　基于极值采样的仿人智能控制

基于极值采样的仿人智能控制是一种利用"抑制"作用来解决控制系统的稳定性与准确性、快速性之间的矛盾的仿人智能控制方法。

1. 仿人智能控制器的静特性及运行机理

仿人智能控制器的静特性如图 4-27 所示,它在一定程度上具有模仿人的智能控制特性。图中画出了三个仿人智能控制工作周期的静特性,这里分别将其运行机理讨论如下:

(1)OA 段——比例控制模式。当系统出现误差且误差趋向增加时,即当 $e \cdot \dot{e} > 0$ 时,仿人智能控制器产生一个比例输出 $U = K_p e$,其中 K_p 为比例增益,该增益可以大大超过传统比例控制器所允许的数值。比例控制模式运行在 $e = 0$ 至 $e = e_{m1}$ 之间,e_{m1} 为误差出现的第 1 次极值。当 e 值达到了 e_{m1} 后,该闭环负反馈比例控制立即结束,并进入 AB 段的抑制过程。

(2)AB 段——增益抑制控制模式。这是当系统误差达到第 1 次极值 e_{m1} 以后所施加的一种阻尼作用,即把原来的高比例增益 K_p 乘上一个小于 1 的因子 k,而使其增益降低的过程。因此,在 B 点处阀位已降到 $U_{on} = k \cdot K_p e_{m1}$,抑制控制有助于改善系统品质与增加稳定裕度。

(3)BC 段——开环保持模式。当 AB 段的过程到达了 B 点,阀位达到了一个新的位置后,系统立刻进入保持模式。误差从极值减小并只能向原点趋近,因此,保持过程 BC 是一条平行于 e 轴的水平线。

上述的 $OA \to AB \to BC$ 段,完成了第一个控制周期的比例→抑制→保持三元控制过程。类似地 $CD \to DE \to EF$ 段,为第二个控制周期;$FH \to HG$

→GJ 段,为第三个控制周期。

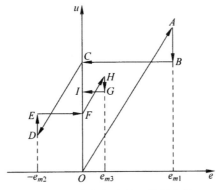

图 4-27　仿人智能控制器静特性

(4)CD 段→DE 段→EF 段——第二个控制周期。从 CD 段开始的第二个控制周期,仍为三种控制模式的组合,但与第一个控制周期的作用方向相反。CD 段为反向的比例控制。当 e 值越过 u 轴变为负值时,系统在反向比例闭环控制作用下,使误差再次产生一个极值,即 $-e_{m2}$。对一个稳定的控制系统,一般 $|e_{m2}|<|e_{m1}|$。这里需要注意的是,在第二个控制周期中 k 与 K_p 可以采用不同于前一周期的值,从而增加仿人智能控制的灵活性。从 FH 段开始的第三个控制周期与第一个周期方向完全相同,经过若干个控制周期,系统被控制在一个期望的稳定状态。

2. 仿人智能控制算法及其特点

基于极值采样的仿人智能控制算法可以表达为

$$U_n = \begin{cases} U_{o(n-1)} + K_p e, & e \cdot \dot{e} > 0 \text{ 或 } |e| > 0, \dot{e} = 0 \\ U_{on} = kK_p \sum_{i=1}^{n} e_{mi}, & e \cdot \dot{e} < 0 \text{ 或 } e = 0 \end{cases} \qquad (4\text{-}8\text{-}4)$$

其中,U_n 为控制器第 n 次采样时刻的输出;U_{on} 为控制器的第 n 次保持值;e 及 $\dot{e}$ 分别为系统误差及其变化率;e_{mi} 为误差的第 i 次极值;K_p 为控制器的比例增益;k 为增益的抑制(衰减)因子,一般取 0<k<1。

上述基于极值采样的仿人智能控制算法的特点可概括为:分层的信息处理和决策,在线的特征辨识和特征记忆,开环闭环结合的多模态控制,灵活地运用直觉推理和决策。这些特点体现了人的控制经验、定性知识、直觉推理和决策行为,因此,它不仅具有较高的智能性,而且具有良好的控制性能。

4.9 仿人智能控制系统的设计与应用实例

4.9.1 仿人智能控制器在连续流动式粮食干燥机中的应用

粮食干燥过程是典型的多变量、大滞后和非线性热工过程,在干燥过程中受各种不确定因素的影响,难以建立粮食干燥过程精确的解析模型。图4-28给出了粮食干燥机控制系统的结构示意图。控制系统由连续流动式干燥机、出机粮食水分检测系统、计算机仿人智能控制器及排粮速度控制系统等组成。

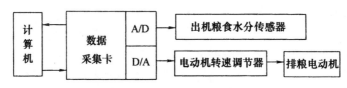

图4-28 粮食干燥机控制系统

1. 仿人智能控制器设计

出粮水分仿人智能控制器结构如图4-29所示,内含运行控制级及参数校正级。控制过程为:通过检测和处理后的出粮水分误差及其相关信号送到特征辨识器进行特征识别,并给数据库提供特征事实。推理机构根据规则库中的规则和数据库中的事实进行判断、推理,确定出合适的控制策略,并采用相应的控制行为,使出粮水分达到预定值。

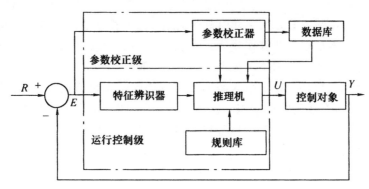

图4-29 粮食干燥机智能控制器结构图

1)运行控制级的设计

粮食干燥仿人智能控制根据实时检测到的出粮含水率与设计定值之差 e 及误差的变化率 $\dot{e}$ 来确定控制策略,具体如下:

(1)当出粮水分误差大于设定误差界限 M_1 时,仿人智能控制器采取开关控制,使水分误差迅速减小。

(2)当出粮水分误差增大或保持不变时,采取闭环比例控制,使水分误差停止增加;当出粮水分误差减小,或近似为 0 时,采取开环保持控制,并不断累积水分误差极值,修改保持控制值,调节控制量,使出粮水分保持在允许的范围内。

(3)当水分误差处于极值状态,采用闭环比例控制。

(4)当水分误差非常小时,采用比例加积分控制,减少稳态误差。

根据上述控制策略,建立仿人智能控制器的特征状态,见表 4-1。

表 4-1　仿人智能控制器的特征状态

序号	特征状态	序号	特征状态
φ_1	$\lvert e \rvert > M_1$	φ_5	$e = 0$
φ_2	$(e \cdot \dot{e} \geqslant 0) \bigcap (\lvert e \rvert \geqslant M_2) \bigcap (e \neq 0)$	φ_6	$(e \cdot \dot{e} < 0) \bigcap (e \cdot \dot{e}_{-1} < 0) \bigcap (\lvert e \rvert \geqslant M_2)$
φ_3	$(e \cdot \dot{e} \geqslant 0) \bigcap (\lvert e \rvert < M_2) \bigcap (e \neq 0)$	φ_7	$(e \cdot \dot{e} < 0) \bigcap (e \cdot \dot{e}_{-1} < 0) \bigcap (\lvert e \rvert < M_2)$
φ_4	$(e \cdot \dot{e} < 0) \bigcap (e \cdot \dot{e}_{-1} > 0)$	φ_8	$\lvert e \rvert < \varepsilon$

在表 4-1 中,$\dot{e}_{-1}$ 为前一周期的误差变化率;M_1、M_2、ε 均为阈值。建立运行控制级的控制模态集 Ψ,即

$$\Psi : U = \begin{cases} u_{\max} \\ u_0 + k_1 k_2 K_p e \\ u_0 + k_2 K_p e \\ u_0 \\ u_0 \\ u_0 + k_1 k_2 K_p e_{m,i} \\ u_0 + k_2 K_p e_{m,i} \\ K_p e + K_i e^{\delta} \end{cases}$$

式中:$u_{\max}$ 为开关控制输出值;u_0 为前一周期的输出值;k_1 为增益放大系数;k_2 为抑制系数;K_p 为比例增益;$e_{m,i}$ 为第 i 次误差极值;K_i 为积分增益;e^{δ} 为当前误差积分项。

2)参数校正级的设计

参数校正级的设计原则如下：

（1）系统误差较小时参数的校正增量不能太大，否则将引起较大的超调。

（2）系统误差较大时参数的校正增量应适当增加，否则会降低校正的效果。

（3）从系统动态品质考虑，为了加快系统过渡过程时间，参数的校正增量应与表征当前系统运行变化趋势的误差导数与误差比值成反比。

建立参数校正级的特征模型见表 4-2。

表 4-2　参数校正级的特征状态

序号	特征状态
1	$e_{m,i} \cdot e_{m,i+1} > 0$
2	$(e_{m,i} \cdot e_{m,i+1} < 0) \cap \left(\dfrac{e_{m,i}}{e_{m,i+1}} > c+1 \right)$
3	$(e_{m,i} \cdot e_{m,i+1} < 0) \cap \left(\dfrac{e_{m,i}}{e_{m,i+1}} < c+1 \right)$

注：表中 $e_{m,i+1}$ 为第 $i+1$ 次误差极值；c 为衰减系数。

参数校正级的控制模态为

$$\widetilde{\Psi}: K_p = \begin{cases} K_p + \dfrac{e_{m,i-1}}{k_2 k_0} e_{m,i} \\ K_p \\ cK_p \left| \dfrac{e_{m,i}}{e_{m,i+1}} \right| \end{cases}。$$

式中：k_0 为被控对象平均增益。这里只对比例增益 K_p 进行参数整定，其他参数均为人工设定。根据系统的动态特征，从上式中选取最佳校正参数，供控制模态集使用。

2. 仿真试验及结果分析

粮食干燥机是一阶大滞后系统，设控制对象为

$$G(s) = \frac{2.21 e^{-60s}}{210s + 1}$$

采用 Ziegler-Nichols 方法整定 PID 控制器参数，在 Matlab 环境下，经过多次仿真，得出 PID 控制器参数为：$K_p = 0.70$，$K_i = 0.003$，$K_d = 35$。仿人智能控制器中，微分增益和积分增益采用与 PID 控制器相同的参数，其余参数为 $k_1 = 1.34$，$k_2 = 0.4$。采样周期均为 20s，输入单位阶跃信号，对 PID 和 HSIC 两种控制器进行仿真，阶跃响应曲线如图 4-30 所示。在控制器参数不变的情况下，将控制对象中纯滞后时间改为 200s，对控制器进行抗延时

能力测试,两种控制器的阶跃响应曲线如图 4-31 所示。

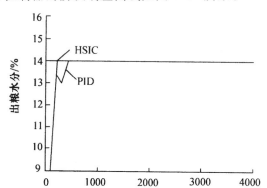

图 4-30　阶跃响应曲线

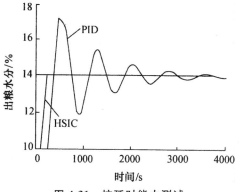

图 4-31　抗延时能力测试

4.9.2　仿人智能控制在摩托车底盘测功机中的应用

底盘测功机是摩托车整车室内试验中最常用的大型关键设备之一,主要功能是在室内条件下模拟室外道路状况并取得摩托车的相关测试数据。精确模拟摩托车在道路行驶时的受力状态是测试的前提和关键。

一般地,电涡流底盘测功机依照方程

$$F_R = A + BV + CV^2 + DW + M\frac{\mathrm{d}V}{\mathrm{d}T}$$

模拟滚动阻力、风阻以及车的惯性力。式中: F_R 为加在转鼓表面的所有的车辆道路阻力; A 为恒定阻力系数(摩擦力); B 为依赖于速度的阻力系数; C 为依赖于速度平方的阻力系数(风阻); D 为坡度系数; W 为车与驾驶员的总质量; M 为 W 与系统惯量的差值; V 为转鼓表面的速度; $\frac{\mathrm{d}V}{\mathrm{d}T}$ 为转鼓表面的加速度。图4-32给出了摩托车底盘测功机阻力加载的控制框图。

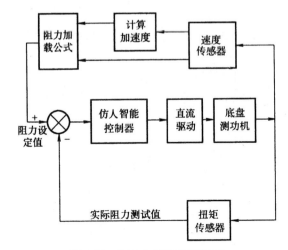

图 4-32　阻力加载的控制框图

该控制系统采用数据采集卡将底盘测功机的速度及扭矩信号经过调理后送入上位工控机,工控机计算所得的道路模拟阻力设定值经过标定后输出到直流驱动器,以控制电涡流底盘测功机的线圈电压,从而产生制动力矩。

图4-33给出了运行控制级的特征模型,其中虚线所示为理想误差目标轨迹 $f_d(e, \Delta e)$。为了使实际的误差轨迹尽可能地与理想误差目标轨迹一致,采取如下控制措施:

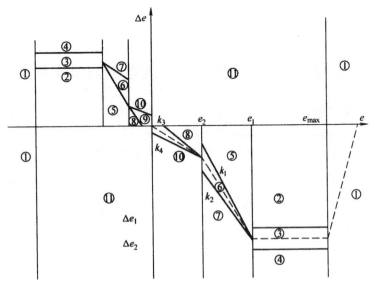

图 4-33　运行控制级的特征模型

（1）当误差很大（$e > e_{max}$）时，对应区域①，采用 Bang-Bang 控制，尽快地减小误差。

（2）当误差减小，且误差变化速度小于预定的速度或误差变化速度与误差的比值小于设定值时，对应区域②、⑤、⑧，采用比例模态控制。

（3）当误差减小，且误差变化速度大于预定的速度或误差变化速度与误差的比值大于设定值时，对应区域④、⑦、⑩，采用比例加微分模态控制。

（4）当误差减小，且误差变化速度在预定的速度范围内或误差变化速度与误差的比值在设定范围内时，对应区域③、⑥、⑨，采用保持模态控制。

（5）当误差增大时，对应区域⑩，为了抑制误差的增大，采用比例加微分的控制模式。

根据上述的分析推理，可根据仿人智能控制理论构造出相应的特征模型与控制模态，构成仿人智能控制器的运行控制级

$$
U_n = \begin{cases}
U_{max} & e_n > e_{max} \\
-U_{max} & e_n < e_{max} \\
k_p e_n & e_n \Delta e_n \leqslant 0 & (e_1 \leqslant |e_n| \leqslant e_{max} \cap |\Delta e_n| \leqslant e_1) \\
& e_n \Delta e_n \leqslant 0 & \left(e_2 \leqslant |e_n| \leqslant e_1 \cap \left|\dfrac{\Delta e_n}{e_n}\right| \leqslant k_2\right) \\
& e_n \Delta e_n \leqslant 0 & \left(|e_n| \leqslant e_2 \cap \left|\dfrac{\Delta e_n}{e_n}\right| \leqslant k_1\right) \\
k_p e_n + k_d \cdot \Delta e_n & e_n \Delta e_n \leqslant 0 & (e_1 \leqslant |e_n| \leqslant e_{max} \cap \Delta e_n \geqslant e_2) \\
& e_n \Delta e_n \leqslant 0 & \left(e_2 \leqslant |e_n| \leqslant e_1 \cap \left|\dfrac{\Delta e_n}{e_n}\right| \geqslant k_1\right) \\
& e_n \Delta e_n \leqslant 0 & \left(|e_n| \leqslant e_2 \cap \left|\dfrac{\Delta e_n}{e_n}\right| \geqslant k_3\right) \\
& e_n \Delta e_n \leqslant 0 & \\
& e_n \Delta e_n \leqslant 0 & (e_1 \leqslant |e_n| \leqslant e_{max} \cap \Delta e_1 < |\Delta e_n| < \Delta e_2) \\
U_{n-1} & e_n \Delta e_n \leqslant 0 & \left(e_2 \leqslant |e_n| \leqslant e_1 \cap k_2 < \left|\dfrac{\Delta e_n}{e_n}\right| < k_1\right) \\
& e_n \Delta e_n \leqslant 0 & \left(|e_n| \leqslant e_2 \cap k_4 < \left|\dfrac{\Delta e_n}{e_n}\right| < k_3\right)
\end{cases}
$$

式中：U_{max} 为输出 Bang-Bang 值；U_{n-1} 为上一周期的输出值；k_p 为比例控制模态的系数；k_d 为微分控制模态的系数。

在上述的运行控制级设计中，只采用了 4 种控制模态，针对待测摩托车品种型号日益增多、系统本身的机械物理特性在长期的使用过程中会发生变化等特点，要求控制器具有较高的鲁棒性，因此引入如下参数自校正环节：

（1）误差变化速度在引入微分环节后仍然大于预定速度，则需适当增加微分作用，减少比例作用。

（2）在误差极小（在稳态范围附近），为了增加快速性同时兼顾稳定性，适当增加微分和比例作用。

（3）其他情况下，保持原有的比例和微分系数。

4.9.3　仿脑智能控制的应用

烟草行业在很多国家中都占有重要的经济地位，对烟叶进行检验与分级是控制烟叶质量的重要手段之一。目前国内外对于烟叶质量的检验与分级，主要靠检验者的视觉进行经验性的判定，这种方式难以适应烟叶质量检测与分级标准不断细化和规范化的客观要求。

1. 烤烟烟叶智能分级系统组成

图 4-34 给出了主组烤烟烟叶的分级体系。人类分级专家的分级过程是一种智能信息处理过程，采用的信息处理系统是人脑。计算机烟叶辅助分级系统是一种具有一定智能的拟人机器，因此其信息处理的工作机制和功能均应从人类分级专家的信息处理中尽可能多地得到借鉴。如图 4-35 所示，给出了具有拟脑高级神经系统结构的智能信息处理系统框架。烤烟烟叶人工分级的信息处理过程中涉及的主要智能信息处理问题有：烟叶视觉信息处理；基于自然语言的特征描述；模糊模式识别；专家分级经验与规则的灵活运用；联想与规则的融合；对手、眼等感觉器官的控制。而在三中枢自协调仿脑智能系统中，三个中枢及其协调机制可提供对上述问题的全部解决策略，与问题的对应关系见表 4-3。

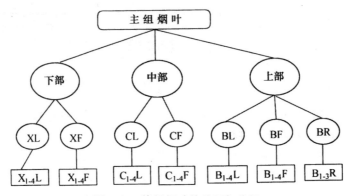

图 4-34　烤烟烟叶的分组与分级

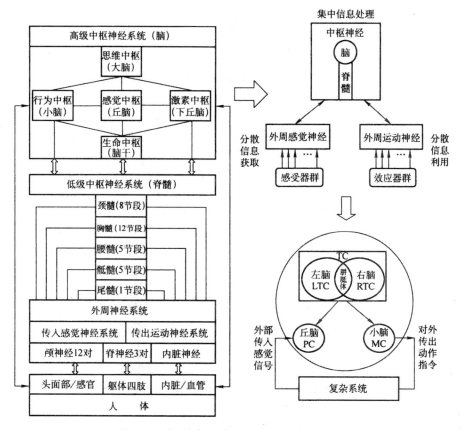

图4-35　"三中枢脑式智能控制器"简化模型

表4-3　三中枢自协调仿脑方案与问题的对应关系

待解决的问题	三中枢脑式智能控制器提供的解决策略
实现分级专家对烟叶视觉信息的处理功能	感觉中枢的视觉信息处理系统
实现分级专家大脑皮层的思维功能，包括对烟叶样本的联想、识别、根据分级规则进行判断，以及学习、积累和提高分级水平	思维中枢负责从烟叶特征及专家分级结果中发现和学习隐含的规律、提取规则、积累经验,作为形象思维部分的右脑模型负责被测烟叶的模式匹配,作为逻辑思维部分的左脑模型负责基于规则的推理;并对感觉中枢和行为中枢进行协调控制
烟叶分级的人工操作	行为中枢控制的烟叶图像采集系统
眼(信息获取)、脑(信息处理)、手(指令执行)的协调	多中枢协调及人工胼胝体的左右脑协调

图 4-36 提供了对上述问题的解决方案,在该方案基础上设计并实现了计算机智能烟叶分级信息处理系统。该系统旨在模拟、借鉴和利用烟叶分级专家信息处理的过程和功能,具有学习与记忆、判断与推理、分级决策等多种思维功能,以及图像自动采集、上下位机通信等协调与控制功能。

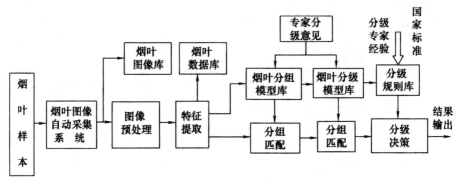

图 4-36 系统总体技术方案

图 4-37 给出了烟叶计算机检测与辅助系统的分级及功能。

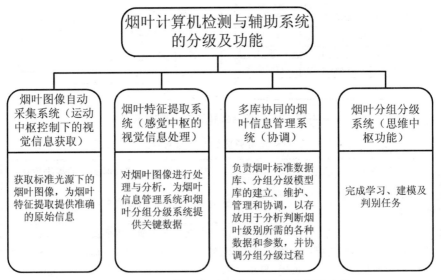

图 4-37 烟叶计算机检测与辅助系统的分级及功能

2. 烤烟烟叶智能分级系统实验结果

我们将三中枢自协调拟脑智能系统的主要成果用于烟叶分组分级系统,对 11 个烟叶产区的 2 万多片烟叶样本进行了图像检测与分级。实验结果表明,系统对各组别各级别的判断水平得到均衡的整体提高,与分级专家的平均符合率达到 85%。

以云南曲靖烟叶样本为例,分级对象为 1712 片烟叶,由分级专家分为 12 个颜色部分组,24 个级。具体分布为:BF 组 4 个级、BL 组 4 个级;CF 组 4 个级、CL 组 4 个级;XF 组 4 个级、XL 组 4 个级。

应用上述系统对该批样本 24 个级的 720 片烟叶进行了学习,并在此基础上建模,用该模型对 1712 个样本进行了实测。表 4-4 给出了对云南曲靖烟叶的分级结果。

表 4-4　云南曲靖烤烟烟叶分级结果

内容	识别总数	与专家一致数	符合率/%
分组	1712	1567	91.53
分级	1468	1264	86.10
L 组	826	784	94.92
F 组	886	804	90.74
R 组	0	0	0
X 组	592	545	92.06
C 组	491	427	86.97
B 组	629	595	94.59
HF 组	0	0	0
XL 分组	263	225	85.55
XF 分组	329	269	81.76
CL 分组	243	200	82.30
CF 分组	248	223	89.92
BL 分组	320	276	86.25
BF 分组	309	275	89.00
BR 分组	0	0	0
HF 分组	0	0	0
XL 分级	225	200	88.89
XF 分级	269	230	85.50

续表

内容	识别总数	与专家一致数	符合率/%
CL 分级	200	168	84.00
CF 分级	223	194	87.00
BL 分级	276	239	86.59
BF 分级	275	233	84.73
BR 分级	0	0	0
HF 分级	0	0	0

第5章 递阶智能控制与学习控制

递阶控制和学习控制都属于智能控制早期研究的重要领域。人们解决复杂问题采用分级递阶结构体现了人的智能行为,而学习则是人的基本智能行为。萨里迪斯等提出的递阶控制揭示了精度随智能降低而提高的本质特征。在学习控制方面,科学家们也进行了不少的探索,提出了基于模式识别的学习控制和再励学习控制。本章就对递阶智能控制与学习控制展开系统性的讨论。

5.1 递阶智能机器的一般理论

由萨里迪斯和梅斯特尔(Meystal)等人提出的"递阶智能控制"是按照精度随智能降低而提高的原理(IPDI)逐级分布的,这一原理来源于递阶(分级)管理系统。递阶控制思想可作为一种统一的认知和控制系统方法而被广泛采用。在过去的几十年中,一些研究者做出重大努力来开发"递阶智能机器"理论和建立工作模型,以求实现这种理论。这种智能机器已被设计用于执行机器人系统的拟人任务。取得的理论成果表现在两个方面,即基于逻辑的方法和基于解析的方法。前者已由尼尔森(Nilsson)和菲克斯(Fikes)等叙述过,其通用技术仍在继续研究与开发之中;而后者已在理论和实验两方面达到比较成熟的水平。有一些新的方法和技术,如Boltzmann机、神经网络和Petri网等,已为智能机器理论的分析研究提供了新的工具。

5.1.1 递阶智能控制系统的组成

一般认为,智能控制是数学与语言描述和用于系统与过程的算法之间的结合。为了解决现代技术问题,要求控制系统具有智能性功能。譬如,同时使用一个存储器,学习或多级决策以响应"模糊"或定性的命令等,都需要有智能性规则来处理。一般情况下,智能控制系统的结构与智能系统一样,具有递阶结构形式。而且,智能是按照随精度逆向递增的原理来分布的,即

精度随智能降低而增加(IPDI)。典型的智能控制系统的递阶结构如图 5-1
所示,它由三级组成,即组织级、协调级和执行级。

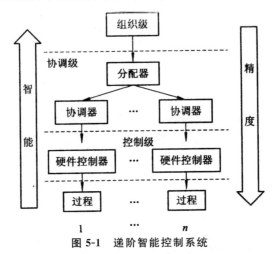

图 5-1　递阶智能控制系统

　　递阶结构的最高层是组织级,借助于长期记忆装置,该级具有执行规划
和高级决策的功能,需要高级的信息处理。类同于 AI 中一种基于知识的
系统,它要求有大量的信息,但精度要求甚低。因此,在一个智能机器或智
能控制系统的高层,所涉及的功能与人类行为的功能相仿,可以当作一个基
于知识系统的单元。实际上,规划、决策、学习、数据存储与检索、任务协调
等等活动,可以看成是知识的处理与管理。所以,知识流是这种系统的一个
关键变量。在智能机器中组织级的知识流表示如图 5-2 所示,它主要完成
数据处理、由中央单元实行规划与决策、通过外围装置发送和获取数据、定
义软件的形式语言等功能。

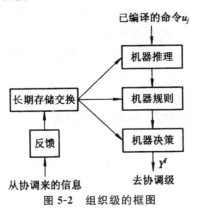

图 5-2　组织级的框图

　　对各功能可赋以主观的概率模型或模糊集合。因此,对每一个所执行的
任务,可以用熵来进行计算,它对整个活动提供了一个分析的度量准则。

协调级是一个中间结构,它是组织级和执行级之间的接口,其结构如图 5-3 所示。在协调级,其功能包括在短期存储器(如缓冲器)从础上所进行的协调、决策和学习。它可以利用具有学习功能的语言决策手段,并对每一行动指定主观概率,其相应的熵也可以直接从这些主观概率中获取。

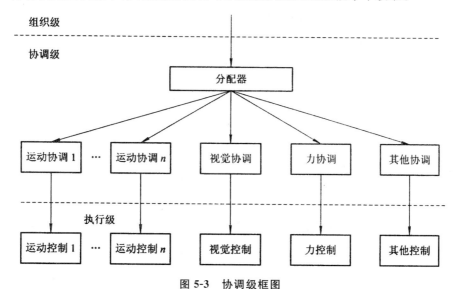

图 5-3 协调级框图

执行级是递阶智能控制的最底层,要求具有较高的精度但较低的智能;它按控制论进行控制,对相关过程执行适当的控制作用。执行级的性能也可由熵来表示,因而统一了智能机器的功用。

根据信息熵测度的有关理论可知

$$H = -K \sum_{i=1}^{n} P_i \lg P_i$$

通常称 H 为香农负熵,它可变换为方程

$$H = -\int_{\Omega_s} P(s) \lg P(s) \mathrm{d}s$$

式中:Ω_s 为被传递的信息信号空间。负熵是对信息传递不确定性的一种度量,即系统状态的不确定性可由该系统熵的概率密度指数函数获得。

图 5-1 所示的三级递阶结构具有自顶向下和自底向上的知识(信息)处理能力。自底向上的知识流决定于所选取信息的集合,这些信息包括从简单的底层(执行级)反馈到最高层(组织级)的积累知识。反馈信息是智能机器中学习所必需的,也是选择替代动作所需要的。

智能机器中高层功能模仿了人类行为,并成为基于知识系统的基本内容。实际上,控制系统的规划、决策、学习、数据存取和任务协调等功能,都

可看作是知识的处理与管理。另一方面,控制系统的问题可用熵作为控制度量来重新阐述,以便综合高层中与机器有关的各种硬件活动。因此,在机器人控制的例子中,视觉协调、运动控制、路径规划和力觉传感等可集成为适当的函数。因此,可把知识流看作这种系统的关键变量。由于递阶智能控制系统的所有层级可用熵和熵的变化率来测量,因此,智能机器的最优操作可通过数学编程问题获得解决。

通过上述讨论,可把递阶控制理论归纳为:递阶控制理论可被假定为寻求某个系统正确的决策与控制序列的数学问题,该系统在结构上遵循精度随智能降低而提高(IPDI)的原理,而所求得的序列能够使系统的总熵最小。

5.1.2　递阶智能控制原理的解析公式

要在数学上建立基于知识系统概念的形式化表示,必须考虑具有状态 $s_i(i=1,2,\cdots,n)$ 的知识状态空间 Ω_s。s_i 表示网络节点上事件的状态,该网络规定了任务的执行步骤。然后,两个状态 s_i 和 s_j 间的智能机器知识可作为两种状态的组合来考虑,并表示为

$$K_{ij}=\frac{1}{2}\omega_{ij}s_is_j$$

式中:ω_{ij} 为状态变换系统,对于被动传递,取 $\omega_{ij}=0$。状态 s_i 的知识为该状态与全部其他主动状态 s_j 的组合,并表示为

$$K_i=\frac{1}{2}\sum_j\omega_{ij}s_is_j$$

最后可得系统的总知识为

$$K=\frac{1}{2}\sum_i\sum_j\omega_{ij}s_is_j$$

它具有基本事件的能量形式。知识流量 R 是导出知识,在离散状态空间 Ω_s 下可定义为

$$R_{ij}=\frac{K_{ij}}{T},R_i=\frac{K_i}{T},R=\frac{K}{T}$$

式中:T 为同定的时间间隔。

把机器知识定义为结构信息,则可由概率关系式来表示。根据相关理论进而容易求得表示每层知识的满足杰恩最大熵原理的概率分布表达式为

$$\ln p(K_i)=-\alpha_i-K_i$$

对于 $E\{K\}=$ 恒值,则有

$$p(K_i)=e^{-\alpha_i-K_i}$$

而

$$e^{a_i} = \sum_i e^{K_i}$$

以

$$K_i = R_i T$$

代入上式得

$$p(K_i) = p(R_i, T) = e^{-a_i - TR_i}$$

其中，a_i 为适当的常数，$i = 2, 3$。

　　IPDI 原理可由概率公式表示为

$$PR(MI, DB) = PR(R)$$

式中：PR 表示概率，MI 为机器知识，DB 为与执行任务有关的数据库。数据库代表任务的复杂性，且取决于任务的执行精度，即该执行精度是与数据库的复杂性相称的。取自然对数后可得

$$\ln p\left(\frac{MI}{DB}\right) + \ln p(DB) = \ln p(R)$$

对两边取期望值，可得熵方程

$$H\left(\frac{MI}{DB}\right) + H(DB) = H(R)$$

式中：$H(x)$ 为与 x 有关的熵。在建立和执行任务期间，期望有个不变的知识流量。这时，增大特定数据库 DB 的熵就要求减小机器智能 MI 的熵。如果 MI 独立于 DB，那么

$$H(MI) + H(DB) = H(R)$$

5.2　递阶智能控制系统的结构与原理

　　人的中枢神经系统是按多级递阶结构组织起来的，因此，多级递阶的控制结构已成为智能控制的一种典型结构。多级递阶智能控制系统是智能控制最早应用于工业实践的一个分支，它对智能控制系统的形成起到了重要的作用。

5.2.1　组织级的结构与原理

1. 组织级的功能定义

　　在描述组织级的硬件结构之前，首先定义组织级的功能。这些功能是对组织活动和有序活动的内部操作。这里我们根据这些功能在组织器内的

作用顺序,依次定义如下:

(1)机器推理(MR)。是编译输入指令 $u_j(u_j \in U)$ 与相关活动集 A_{jm}、产生式规则以及构成系统推理机的程序之总和。

(2)机器规划(MP)。是执行预定工作所需要的完备的和兼容的有序活动的形式化表示。机器规划包含对主动非重复本原活动事件进行排序,拒绝非兼容有序活动,在兼容有序的非重复事件信息串中插入重复事件的有效序列,检查全部规划的完整性和组织情况。

(3)机器决策(MDM)。是在最大的相关成功概率中选择完备的和兼容的有序活动。

(4)机器学习与反馈(MLF)。是对不同的单一的和派生的值函数进行计算,这些函数与执行需求工作有关,并通过学习算法更新各个概率。在完成所需工作和从低层至高层选择反馈的通信之后,机器反馈功能就被执行了。

(5)机器记忆交换(MME)。是对组织级的长期存储器进行信息检索、储存和更新。检索是在机器推理和机器规划期间进行的,而储存和更新是在机器决策和需求工作被实际执行之后进行的。

以上定义的5种功能中,前3种功能与自顶向下的局部目标有关,而后两种功能与自底向上的局部目标有关。组织级所执行的知识(信息)处理任务与长期存储器有关。组织器的结构模型要适应组织级每个功能的迅速又可靠的操作。记忆交换功能是与机器推理、规划和决策等功能有关的。在描述结构单元时,我们假定每个信息串都是可兼容的;因此,为存储全部活动和有序活动所需要的记忆表示为最坏的情况。

2. 基于概率的结构模型

用于机器推理、机器规划和机器决策三种功能的结构模型,分别如图5-4、图5-5和图5-6所示。组织级的这些功能将在下面进一步说明。

通过图5-4可以看出,机器推理模型由推理模块 RB、概率推理模块 PRB 和存储器 D^R 以及分类器组成。图中,u_j 为编译输入指令;Z_j^R 为相应输出;A_{jm} 为最大的 (2^N-1) 个适当活动的集合(信息串 X_{jm} 的集合),这些活动(信息串)具有相应的地址,用于存储活动概率分布函数 $P\left(\dfrac{X_{jm}}{u_j}\right)$。推理模块 RB 含有最大的 (2^N-1) 个二进制随机变量

$$X_{jm} = (x_1, x_2, \cdots, x_{N-L}, \cdots, x_N)[m=1,2,\cdots,(2^N-1)]$$

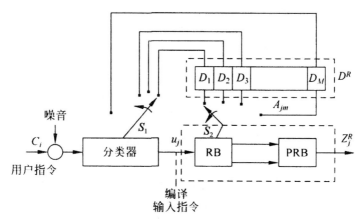

图 5-4　机器推理功能模型

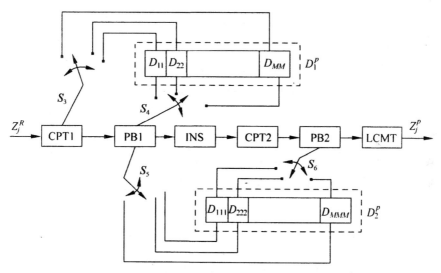

图 5-5　机器规划功能模型

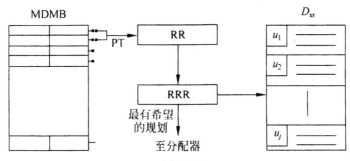

图 5-6　机器决策功能模型

它们以特定的次序存放，表示与任一编译输入指令有关的活动 (A_{jm})。与这些活动(串)有关的概率分布函数存储在相应地址 D^R 内，并从 D^R 传输至推理模块 RB；D^R 为组织级的长期存储器的一部分。存储器 D^R 由 M 个不同的存储块组成。每个存储块 (D_j) 与其相对应的编译输入指令 (u_j) 相联系。每块 D_j 含有专用地址，用于存储与 u_j 对应的概率矢量 S_j。一旦编译输入指令 u_j 被辨识，开关 S_1 激活存储块 D_j。D_j 内数据的传输是通过开关 S_2 来完成的。开关 S_1 和 S_2 互相耦合，协同动作。当相应的地址占有最左边的一些位置时，RB 的内容被传送到 PRB 的最右边的一些位置。储存在 D^R 内的信息不能由机器推理功能来修改。因此，可把 D^R 看作永久存储器，在迭代周期内(从用户请求作业到该作业实际执行)，该存储器的值维持不变。只有当请求的作业由指定硬件装置完成之后，存储在有关地址内表征适当活动的概率分布函数值才能被更新。

通过图 5-5 可以看出，机器规划操作(功能)模型的输入为 Z_j^R，或者等价于相应的被激活的存储单元；而输出为 $Z_j^R = Z_{jmv}$，即全部完备的和可兼容的规划之集合，该规划能够完成所请求的作业，而该规划集合是在机器规划操作过程中形成的本原事件的全部可兼容变量有序信息串集合的一个子集。所有可兼容有序活动(信息串，本原事件的有效排列)储存在第一个规划单元 PB1 内。每个可兼容变量有序活动(包括重复事件的有效序列在内的信息串)储存在第二个规划单元 PB2 内。兼容性测试通过 CPT1 和 CPT2 单元来执行。在此，略去了兼容性测试的具体硬件装置。

具有概率 $P\left(\dfrac{M_{jmr}}{u_j}\right)$ 的表征矩阵的相应地址，从存储器 D_1^P 经耦合开关 S_3 和 S_4 传送，并与概率分布函数 $P\left(\dfrac{X_{jm}}{u_j}\right)$ 相乘，求得可兼容有序活动(信息串)Y_{jmr} 的概率分布函数。一旦 Z_j^R 被辨识，开关 S_3 激活相应的存储单元 D_{jj}，而开关 S_4 则允许数据传送。现在，规划单元 PB1 的相应地址包含可兼容有序活动(信息串)，这些地址含有概率分布函数 $P\left(\dfrac{Y_{jmr}}{u_j}\right)$。重复本原事件的有效序列是在单元 INS 内插入的，而可兼容变量有序活动被储存在第二个规划单元 PB2 内，相对应的概率则经 D_2^P 传送。来自适当的存储单元 D_{jjj} 的数据，是通过两个耦合开关 S_5 和 S_6 实现激活和传送的，其作用方式与开关 S_3 和 S_1 相似。这时，单元 PB2 的相应地址包含可变兼容有序活动(信息串)，这些地址含有适当的概率分布函数。储存在

D_1^P 和 D_2^P 内的信息,在机器规划过程中是不可修改的,也不能由机器规划操作进行修改;在一个迭代周期内,这些信息被认为是不变的。当请求的作业完成之后,这些概率分布函数的值得到更新。机器规划功能(操作)的输出 Z_j^P 是那些可能执行请求作业的所有完备的和兼容的有序活动(信息串)的集合。完备性测试是在单元 LCMT 内进行的。该测试接受每个语法上正确的有意义的规划。每个可兼容可变有序活动经受检查。如果某个兼容可变有序活动不是以一个重复本原事件开始和以一个非重复本原事件结束,而且不受操作过程强加的限制,那么,这个活动就是不完备的。因此,每个完备的规划是可兼容的,但是,每个可兼容的规划并非一定是完备的。

图 5-6 表示机器决策功能模型。一切完备的和兼容的规划都存储在机器决策单元(MDMB)内,并进行配对检验,以便找出最有希望的规划。把最有希望的规划存储在单元 RR 内。在检验时,如果发现某个完备的规划比存储在 RR 内的已有规划具有更大的概率,那么这一新规划就被送至 RR,而原已存储的规划则被消去。一旦检验结束,RR 的内容即为执行请求作业所需要的最有希望的完备和兼容规划。

每个完备和兼容规划存储在组织级的长期存储器 D_{ss} 的专门位置上。这个存储器含有每个完备的和兼容的规划,而这些规划与每个编译输入指令相对应。这种专门存储的思想是十分重要的,它代表一个训练良好系统的状况(假设不出现不可预测事件)。一个达到这种操作模式的智能机器人系统,在编译输入指令得到辨识后就立即联想到存储在 D_{ss} 内的最有希望的规划(有多个可供选择),而不必通过每个单独的操作(功能)。

3. 基于专家系统的结构模型

基于专家系统的组织级结构模型,原则上与基于概率的结构模型相似。此模型表示一个有效的硬件方案,适于进行机器智能操作。这两种模型都是由一个提取器、一个或非门、几个锁存器和寄存器组成的硬件来实现分类的,如图 5-7 所示。用户指令经过滤(筛选)后进入提取器,被归类为特定的指令类型,同时与知识库内的当前指令类型进行比较。当检查到该用户指令为一新的指令类型时,就设置一标志,并被存入相关的寄存器,为下一步处理做好准备。

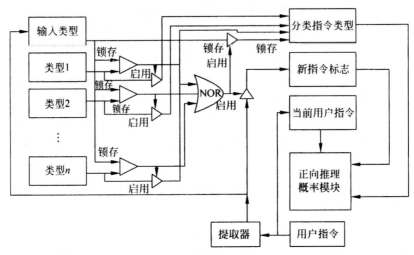

图 5-7　分类器模型的硬件实现

5.2.2　协调级的结构与原理

为了讨论方便,我们把协调级的拓扑结构画成图 5-8。由图可见,协调级的拓扑可以表示成树状结构(C, D)。D 是分配器,即树根;C 是子结点的有限子集,称为协调器。每一个协调器与分配器都有双向连接,而协调器之间无连接。协调级中分配器的任务是处理对协调器的控制和通信。它主要关心的问题是:由组织级为某些特定作业给定一系列基本任务之后,应该由哪些协调器来执行任务(任务共享)和(或)接受任务执行状态的通知(结果共享)。控制和通信可以由以下方法来实现:将给定的基本事件的顺序变换成具有必需信息的、面向协调器的控制动作,并在适当的时刻把它们分配给相应的协调器。在完成任务后,分配器也负责组成反馈信息,送回给组织级。由此,分配器需要有以下能力:

(1)通信能力。允许分配器接收和发送信息,沟通组织级与协调器之间的联系。

(2)数据处理能力。描述从组织级来的命令信息和从协调器来的反馈信息,为分配器的决策单元提供信息。

(3)任务处理能力。辨识要执行的任务,为相应的协调器选择合适的控制程序,组成组织级所需的反馈。

(4)学习功能。减少决策中的不确定性,而且当获得更多的执行任务经验时,减少信息处理过程,以此来改善分配器的任务处理能力。

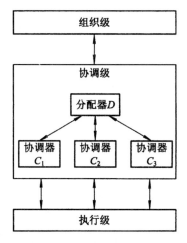

图 5-8　协调级的拓扑图

　　每一个协调器与几个装置相连,并为这些装置处理操作过程和传送数据。协调器可以被看作是在某些特定领域内具有确定性功能的专家。根据工作模型所加的约束和时间要求,它有能力从多种方案中选择一种动作,完成分配器按不同方法所给定的同一种任务;将给定的和面向协调器的控制动作顺序变换成具有必需数据的和面向硬件的实时操作动作,并将这些动作发送给装置。在执行任务之后,协调器应该将结果报告给分配器。协调器所需具备的能力与分配器完全一样。

　　以上描述说明,分配器和协调器处在不同的时标级别,但有相同的组织结构,如图 5-9 所示。这种统一的结构由数据处理器、任务处理器和学习处理器组成。数据处理器的功能是提供被执行任务有关信息和目前系统的状态。它完成三种描述,即任务描述,状态描述和数据描述。

　　在任务描述中,给出从上一级来的要执行的任务表。在状态描述过程中任务表提供了每一个任务执行的先决条件以及按某种抽象术语表达的系统状态。数据描述给出了状态描述中抽象术语的实际值。这种信息组织对任务处理器的递阶决策非常有用。该三级描述的维护和更新受监督器操纵。监督器操作是基于从上级来的信息和从下级来的任务执行后的反馈。监督器还负责数据处理器和任务处理之间的连接。

　　任务处理器的功能是为下级单元建立控制命令。任务处理器采用递阶决策,包含三个步骤,即任务调度、任务转换和任务建立。任务调度通过检查任务描述和包含在状态中相应的先决和后决条件来确认要执行的任务,而不管具体的状态值。如果没有可执行的子任务,那么任务调度就必须决定内部操作,使某些任务的先决条件变为真。任务转换将任务或内部操作分解成控制动作,后者根据目前系统的状态,以合适的次序排列。任务建立过程将实际值赋给控制动作,建立最后完全的控制命令。它利用数据处理器中的递阶信息描述,使递阶决策和任务处理快速且有效。

学习处理器的功能是改善任务处理器的特性,以减少在决策和信息处理中的不确定性。学习处理器所用的信息如图2-9所示。学习处理器可以使用各种不同的学习机制以完成它的功能。协调级的连接以及功能,可以应用Petri网来进一步详细分析,限于篇幅,这里不再赘述。

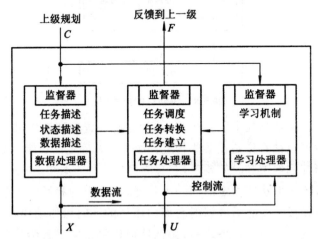

图 5-9　分配器和协调器的统一结构

5.2.3　执行级的结构与原理

执行级执行由协调级发出的指令,根据具体要求对每个控制问题进行分析。因此,不存在一种通用的结构模型能够包括执行级的每项操作。尽管如此,执行级还是由许多与专门协调器相连接的执行装置组成的。每个执行装置由协调器发出的指令进行访问。可见,协调级模型维持了递阶结构,如图5-10所示。

对于智能机器人系统,执行级的执行装置包括视觉系统(VS)、各种传感器或传感系统(SS)以及带有相应抓取装置(GS)的操作机(MS)等。以运动系统的协调器为例,当发出某个具体运动的指令时,机器人手臂控制器就把直接输入信号加到各关节驱动器,以便移动手臂至期望的最后位置。

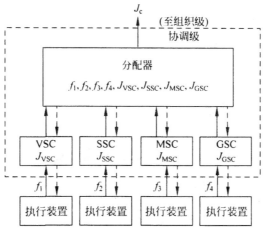

图 5-10　协调器与执行器的结构模型

在执行需求作业过程中,从执行级至协调级的在线反馈发生作用。图 5-10 中标识出这一反馈作用的方框图;其中,实线表示从各执行装置至不同协调器的在线信息流,而虚线则表示来自分配器的信息如何传递至不同的协调器及其执行装置,以便完成作业。借助反馈作用,各协调器计算出各种值并传送至协调级的分配器,再由分配器计算出协调级的总值;在作业执行之后,这些计算值被馈送回组织器。

5.3　递阶智能控制系统应用实例

递阶智能控制系统的应用实例有很多,在这里,我们以蒸汽锅炉的两级递阶模糊控制系统为例进行举例分析。

如图 5-11 所示,给出了蒸汽锅炉的外部连接示意图。控制器的主要目的是使汽鼓(泡包)内的水位保持在期望值。蒸汽锅炉的动态模型有 18 个状态变量,基于其中 4 个变量,可以构造一个递阶模糊规则集,递阶模糊控制的闭环系统如图 5-12 所示。

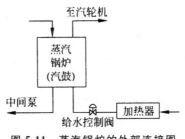

图 5-11　蒸汽锅炉的外部连接图

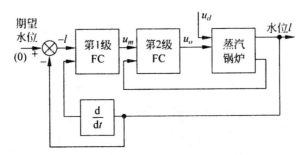

图 5-12　蒸汽锅炉的递阶模糊控制系统

蒸汽锅炉汽鼓的动态模型为

$$\frac{\mathrm{d}x}{\mathrm{d}t} = Ax + B_\mathrm{d}u_\mathrm{d} + B_o u_o$$

其中：x 是系统状态向量；A 为系统矩阵；B_d 为扰动输入矩阵；u_d 为扰动输入（阶跃函数）；B_o 是输入矩阵；u_o 为由模糊控制器获得的输入。

在本系统中，所有系统变量和输出都被归一化在论域$[-1,1]$中，这样，所有变量可以用一个相对统一的标准进行比较，模糊集合的隶属函数如图 5-13 所示。

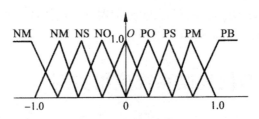

图 5-13　三角形隶属函数

本系统是具有两级的递阶控制结构，第一级选汽鼓水位和它的导数作为系统变量。第二级系统选蒸汽排出量、泄流量和上升混合流量的一个线性函数信号的导数和给水量（第一级的输出）作为系统变量。采用上述的递阶模糊控制蒸汽锅炉给水的仿真实验表明，递阶模糊控制系统对于解决多变量系统的模糊控制问题的效果是显著的。

上述的递阶模糊控制系统，实际上是一种分层多闭环控制系统，因此，又称为分层递阶模糊控制系统。从蒸汽锅炉递阶模糊控制系统的实例中可以看出，尽管蒸汽锅炉的动态模型有 18 个状态变量，但选取起重要作用的状态变量仅为 4 个，体现了抓主要矛盾的思想；虽然设计模糊控制规则，但并不排斥利用该系统中 3 个变量间存在线性函数关系，这样又使 4 个状态变量简化为仅有两个变量的系统，最终设计二级递阶模糊控制即可解决问题。

5.4　学习控制方案

5.4.1　学习控制的基本概念

学习是人的基本智能之一,学习是为了获得知识,因此在控制中模拟人类学习的智能行为的所谓学习控制,无疑属于智能控制的范畴。

有关学习控制的概念从 20 世纪 60 年代以来有多种表述,但以 1977 年萨里迪斯给出的定义最具有代表性。他指出,如果一个系统能对一个过程或其环境的未知特征所固有的信息进行学习,并将得到的经验用于进一步的估计、分类、决策和控制,从而使系统的品质得到改善,那就称此系统为学习系统。将学习系统得到的学习信息用于控制具有未知特征的过程,这样的系统称为学习控制系统。

根据萨里迪斯给出的学习系统的结构,学习控制系统组成的方块图如图 5-14 所示。其中未知环境包括被控动态过程及其干扰等,学习控制律可以是不同的学习控制算法,存储器用于存储控制过程中的控制信息及相关数据,性能指标评估是把学习控制过程中得到的经验用于不断地估计未知过程的特征以便更好地决策控制。

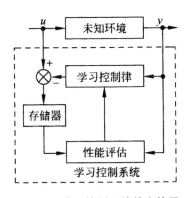

图 5-14　学习控制系统的方块图

由于实现学习控制算法有多种途径,因此,学习控制系统的组成也会因学习算法的不同而在组成上有不同的结构形式。

5.4.2　迭代学习控制

1984 年,日本 S. Arimoto 提出迭代学习控制算法,用于一类具有重复运行特性的被控对象,其任务是寻找控制输入,使得被控系统的实际输出轨迹在有限时间区间上沿整个期望输出轨迹实现零误差的完全跟踪,并且整个控制过程要求快速完成。这种算法不依赖于系统的精确数学模型,能以非常简单的方式处理不确定度相当高的非线性强耦合动态系统,因此迭代学习在求解非线性、强耦合、复杂系统的轨迹跟踪等方面得到了应用。

所谓迭代学习控制是指对于具有可重复性的被控对象,利用控制系统先前的控制经验,根据测量系统的实际输出信号和期望信号,来寻找一个理想的输入特性曲线,使被控对象产生期望的运动。"寻找"的过程便是学习控制的过程。

迭代学习控制要求被控对象的运动具有可重复性,即系统每一次都做同样的工作;学习过程中,只需要测量实际输出信号和期望信号,对被控对象的动力学描述和参数估计的复杂计算均可以简化或省略。这就是迭代学习控制的主要优点。迭代学习控制律用于具有可重复性运动的被控对象时,需要满足如下条件:

(1)每一次运行时间间隔为 $T, T > 0$。

(2)期望输出 $y_d(t)$ 是预先给定的,且是 $t \in [0, T]$ 域内的函数。

(3)每一次运行前,动力学系统的初始状态 $x_k(0)$ 相同,k 是学习次数,$k = 0, 1, 2, \cdots$。

(4)每一次运行的输出 $y_k(t)$ 均可测,误差信号

$$e_k(t) = y_d(t) - y_k(t)$$

(5)下一次运行的给定 $u_{k+1}(t)$ 满足递推规律

$$u_{k+1}(t) = F(u_k(t), e_k(t), r)$$

其中,r 为系数。

(6)系统的动力学结构在每一次运行中保持不变。

在满足上述条件的情况下,随着系统运行次数 k 的增加,即学习次数的增加,$y_k(t)$ 将收敛于希望输出 $y_d(t)$,即

$$\lim_{k \to \infty} y_k(t) = y_d(t)$$

迭代学习控制过程的原理如图 5-15 所示。对于如图 5-15 所示的学习控制过程,S. Arimoto 等人提出了学习控制律的一般形式为

$$u_{k+1}(t) = f(u_k, e_k, r) = u_k(t) + \left(\Gamma \frac{d}{dt} + \Phi + \Psi \int dt \right) e_k(t) \quad (5-4-1)$$

其中：$u_k(t)$ 和 $u_{k+1}(t)$ 分别是第 k 次和第 $(k+1)$ 次的给定输入；Γ、Φ、Ψ 均为增益矩阵；$e_k(t)$ 是第 k 次的响应误差；r 为系数。

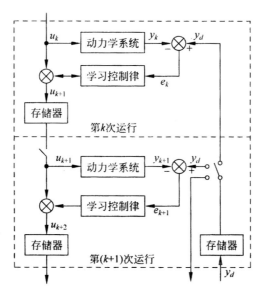

图 5-15　迭代学习控制过程原理

由式(5-4-1)可见，系统在第 k 次学习后的第 $(k+1)$ 次给定输入是上一次的给定输入及响应误差的函数，称式(5-4-1)为 PID 型学习控制律。S. Arimoto 等人提出的上述学习控制律具有控制律简单、计算量小、便于工程实现的特点。学习控制律 $f(u_k,e_k,r)$ 在计算机上实现的过程如图 5-16 所示。只要动力学系统承受的未知干扰在每一次试验中都以同样的规律或方式出现，学习控制均可有效地削弱以至于消除其影响。

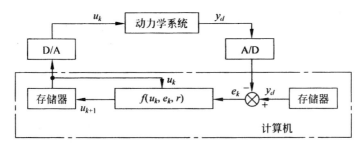

图 5-16　学习控制律的计算机实现

迭代学习控制的收敛性问题是学习控制系统实际应用中的一个关键。S. Arimoto 等学者对这一问题做了大量的研究，从理论上证明了若干种学习控制律在线性定常系统、线性时变系统以及非线性系统中的收敛性。

5.4.3 重复学习控制

众所周知,为了使伺服控制系统在阶跃输入 F 达到稳定跟踪或者在阶跃扰动下达到稳定抑制,必须把积分补偿器引入闭环系统。反过来,只要把积分补偿器引入系统,使其闭环系统稳定,那么就能够实现一个没有稳定误差的伺服系统。根据内模原理,对于一个具有单一振荡频率 ω 的正弦输入(函数),只要把传递函数为 $\dfrac{1}{s^2+\omega_c^2}$ 的机构设置在闭环系统内作为内模即可。

如果所设计的机构产生具有同定周期 L 的周期信号,并且被设置在闭环内作为内模,那么,周期为 L 的任意周期函数可通过下列步骤产生:给出一个对应于一个周期的任意初始函数,把该函数存储起来,每隔一个周期 L 就重复取出此周期函数。因此,可把周期为 L 的周期函数发生器想象为如图 5-17 所示的时间常数为 L 的时滞环节。实际上,令时滞环节 e^{-Ls} 的初始函数为 $\varphi(\theta)$,那么 $\varphi(\theta)$ 每隔一个周期 L 就重复一次,而且其目标传递函数 $r(t)$ 可表示为

$$r(iL+\theta)=\varphi(\theta)(0\leqslant\theta\leqslant L,i=0,1,2,\cdots)$$

进而可以得出推论,只要把此发生器作为内模设置在闭环内,就能够构成对周期为 L 的任意目标信号均无稳态误差的伺服系统,称该函数发生器为重复补偿器,而称设置了重复补偿的控制系统为重复控制系统。如图 5-18 所示,给出了重复控制系统的基本结构示意图。

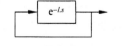

图 5-17 周期函数发生器

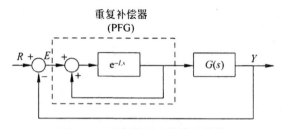

图 5-18 重复控制系统基本结构

重复控制和迭代控制在控制模式上具有密切关系,它们均着眼于有限时间内的响应,而且都利用偏差函数来更新下一次的输入。不过,它们之间存在一些根本差别,具体如下:

（1）重复控制构成一个完全闭环系统，进行连续运行。反之，迭代控制每次都是独立进行的；每试行一次，系统的初始状态也被复原一次，因而系统的稳定性条件要比重复控制的宽松。

（2）两种控制的收敛条件是不同的，而且用不同的方法确定。

（3）对于迭代控制，偏差的导数被引入更新了的控制输入表达式。

（4）迭代控制能够处理线性控制输入的非线性系统。

综上所述，迭代控制具有重复控制所没有的一些优点。不过，迭代控制在应用方面也有其局限性。重复控制已用于直流电动机的伺服控制、电压变换器控制以及机器人操作机的轨迹控制等。

5.4.4　其他学习控制形式

1. 具有学习功能的自适应控制

通过前面的有关讨论可知，自适应控制系统应具有如下两个功能：

（1）常规的控制功能。由闭环反馈控制回路实现。

（2）学习功能。由自适应机构组成的另一个反馈控制回路实现，其控制对象是控制器本身。

不难看出，自适应控制系统具有学习功能，但这种学习的结构形式与上面介绍的学习控制系统的结构形式是不同的。自适应控制的学习功能是通过常规控制器控制性能的反馈、评价等信息，进而通过自适应机构对控制器的参数甚至结构进行在线调整或校正，以使下一步的控制性能要优于上一步的，这便是学习。可以认为，自适应学习系统是一种二级递阶控制的结构，由双闭环控制系统组成。其中常规控制回路是递阶结构的低级形式，完成对被控对象的直接控制；包含自适应机构和常规控制器的第二个回路是递阶结构的高级形式，它是由软件实现的一种反馈控制形式，完成对控制器控制行为的学习功能。

迭代学习控制系统和重复学习控制系统没有像自适应控制系统那样的两阶递阶结构，而只是增加了存储器用以记忆以往的控制经验。迭代控制中的学习是通过对以往"控制作用与误差的加权和"的经验记忆实现的。系统不变形的假设以及记忆单元的间断重复训练是迭代学习控制的本质特征。而重复学习控制的记忆功能由重复控制器完成，它对控制作用的修正不是间断离线而是连续实现的。

2. 基于神经推理的学习控制

在神经网络直接充当控制器的神经控制系统中，神经网络实际上是通过学习算法改变网络中神经元间的连接权值，从而改变神经网络输入与输出间的非线性映射关系，逐渐逼近被控动态过程的逆模型来实现控制的任务。神经网络的这种学习和迭代学习控制、重复学习控制中的学习形式是不一样的。前者的学习是出于逼近的思想，而后者是利用控制系统先前的控制经验，根据测量系统的实际输出信号和期望信号，来寻找一个理想的输入特性曲线，使被控对象产生期望的运动。"寻找"的过程便是学习控制的过程。

本书将基于神经推理的学习控制形式归为基于神经网络的智能控制范畴。

3. 基于模式识别的学习控制与异步自学习控制

基于模式识别的智能控制实际上是模拟人工控制过程中识别动态过程特征的思想，然后根据人的控制经验，对于不同的动态过程采取不同的控制策略。通过这样不断地识别，又不断地调整控制策略，使控制性能不断提高的过程体现出一种学习行为。

另外，有学者基于迭代自学习控制和重复自学习控制的共同点和区别，提出了将这两种算法统一起来的异步自学习控制的理论框架。限于本书篇幅，这里不再详细讨论。

5.5　基于规则的自学习控制系统

5.5.1　产生式自学习控制系统

如图 5-19 所示，给出一种产生式自学习控制系统的结构示意图。自学习控制器中的综合数据库用于存储数据或事实，接受输入、输出和反馈信息，而控制规则集主要存储控制对象或过程方面的规则、知识，它是由〈前提→结论〉或〈条件→行动〉的产生式规则组成的集合。

自学习控制系统中的推理机在产生式自学习控制系统中隐含在控制策略和控制规则集中，控制策略的作用是将产生式规则与事实或数据进行匹配控制推理过程。

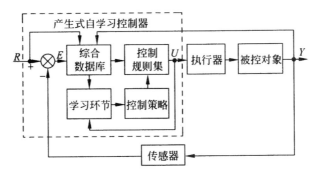

图 5-19 产生式自学习控制系统

上述的综合数据库、控制规则集、学习单元及控制策略四个环节构成了产生式自学习控制系统的核心部分——产生式自学习控制器。

产生式自学习控制仍是基于负反馈控制的基本原理。通常,控制作用 U 根据误差 E、误差的变化 $\dot{E}$,及误差的积分值(或积累值 $\sum E$)的大小、方向及其变化趋势,可由专家经验知识和负反馈控制的理论设计出产生式规则,即

$$\text{if } E \text{ and } \dot{E} \text{ and } \sum E \text{ then } U$$

这种控制策略是由误差数据驱动而产生的控制作用,根据控制效果和评价准则,可以通过学习单元采用适当的学习方法进行学习,来对施加于被控对象的控制作用进行校正,以逐步改善和提高控制系统的性能。

一种线性再励学习校正算法为

$$U(n+1) = U(n) + (1-\alpha)\Delta U(n)$$

式中:$U(n+1)$、$U(n)$ 分别为第 $(n+1)$ 次和第 n 次采样的控制作用;$\Delta U(n)$ 为第 n 次学习的校正量;α 为校正系数,可根据专家经验选取 0 与 1 之间的某一小数,或根据优选法取 $\alpha=0.618$。

校正量 $\Delta U(n)$ 由系统的输入、输出及控制量的第 n 次和第 $(n-1)$ 次数据,根据所设计的学习模型加以确定。

5.5.2 基于规则的自学习模糊控制实例

1. 自学习模糊控制算法

设系统的一种理想的响应特性可用一个性能函数表示为

$$\Delta Y = pf(e, \Delta e)。$$

其中,ΔY 是系统输出 Y 的修正量;e 和 Δe 分别是系统输出的误差和误差

变化。

如图 5-20 所示,给出了自学习控制算法的原理示意图。把每一步的控制量和测量值都存入存储器。由测量系统当前时刻的输出 $Y(k)$ 可获得 $e(k)$ 和 $\Delta e(k)$,由性能函数求出

$$\Delta Y = pf[e(k), \Delta e(k)],$$

则理想的输出应为 $Y + \Delta Y$。

设被控对象的增量模型为

$$\Delta Y(k) = M[\Delta e_n(k-\tau-1)]。$$

式中:$\Delta Y(k)$ 为输出增量;$\Delta e_n(k)$ 为控制量增量;τ 为纯时延步数。由增量模型可计算出控制量的修正量 $\Delta e_n(k-\tau-1)$,从存储器中取出 $e_u(k-\tau-1)$,则控制量修正为 $e_u(k-\tau-1) + \Delta e_u(k-\tau-1)$,将它转变成模糊量 A_u。再取出 $\tau+1$ 步前的测量值并转换成相应的模糊量 $A_1, A_2, \cdots, A_k$,由此构成一条新的控制规则

$$E_u^i = mmf[(E_1 \wedge A_1) \times (E_2 \wedge A_2) \times \cdots \times (E_k \wedge A_k)] \cdot A_u。$$

$$(5\text{-}5\text{-}1)$$

其中,$mmf(A) = \max \mu_A(e)$ 定义一个模糊子集 A 的高度,A 的高度即是论域 U 上元素 e 的隶属度极大值。

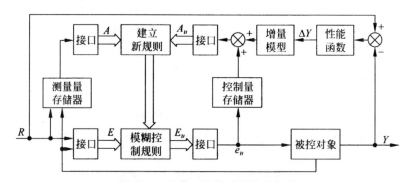

图 5-20　自学习模糊控制算法原理

如果存储器中有以 $A_1, A_2, \cdots, A_k$ 为条件的规则,则以新规则替换,否则把新规则写入存储器。这就完成了一步学习控制,每一步都重复这种操作,控制规则便不断完善。

最后需要特别指出的是,自学习控制算法中的增量模型 M 并不要求很精确,只是模型越精确,自学习过程的收敛速度也越快。

2. 自学习控制算法实例

设一单输入、单输出过程,只能测量其输出 $Y(k)$。以误差 e 和误差变

化 Δe 为控制器的输入变量。对误差和误差变化量进行归一化处理,先选定它们的单位尺度分别为 e^* 和 Δe^*,则有

$$e=\begin{cases}\dfrac{e}{e^*}, & |e|\leqslant e^*\\[2mm] 1, & |e|>e^*\end{cases} \qquad\qquad (5\text{-}5\text{-}2)$$

和

$$\Delta e=\begin{cases}\dfrac{\Delta e}{\Delta e^*}, & |\Delta e|\leqslant\Delta e^*\\[2mm] 1, & |\Delta e|>\Delta e^*\end{cases}。$$

归一化的误差论域 G_e 和误差变化量论域 $G_{\Delta e}$ 均含有 6 个语言变量,即 NB、NM、NS、PS、PM、PB,它们的隶属函数都具有相同的对称形状,如图 5-21 所示。其中心元素分别为 $-1,-0.6,-0.2,0.2,0.6,1$。

控制规则用二维数组 $R(I,J)$ 表示,I、J 为 $1,2,\cdots,6$ 分别对应于误差论域和误差变化论域上的 NB、NM、$\cdots$、PM、PB 等级。数组元素值代表了 A_u 的中心元素。假定 A_u 的隶属函数都具有相同的对称形状,$R(I,J)$ 可以写成一个 6×6 矩阵,称其为控制器参数矩阵。

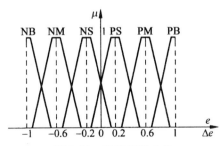

图 5-21   隶属函数曲线

采用性能函数

$$\Delta Y = pf(e,\Delta e) = \frac{1}{2}(e+\Delta e),$$

设 MY、Me、$M\Delta e$ 分别为修正后的 Y、e 和 Δe,因为

$$e(k)=R-Y(k),$$
$$MY=Y+\Delta Y,$$

所以

$$Me(k)=e(k)-\Delta Y,$$
$$M\Delta e(k)\approx\Delta e(k)-\Delta Y,$$

于是

$$Me(k)+M\Delta e(k)\approx e(k)+\Delta e(k)-2\Delta Y。$$

因为

$$\Delta Y = \frac{1}{2}(e + \Delta e),$$

所以

$$Me(k) + M\Delta e(k) \rightarrow 0,$$

可见用 ΔY 修正 Y 的结果使 ΔY 趋于零,导致系统的输出趋近于理想的响应。

通过对被控对象

$$G_1(s) = \frac{10e^{-16s}}{s(s+1)}, G_2 = \frac{(s^2+3s+5)e^{-4s}}{s(s^2+s+2)}$$

进行自学习控制的计算机数字仿真结果表明,对第一种对象,当采样周期为 0.2s,加入方差 $\sigma^2 = 0.33$ 的测量噪声,其幅度为阶跃幅度的 10%。未学习前,阶跃响应出现振荡,学习三次后,阶跃响应品质已很好。对于第二种对象,采样周期为 1s,噪声参数同前。未学习前,由于控制器的初始参数设置不好,阶跃响应振荡较大,三次学习后,阶跃响应明显得到改善。

第6章　智能优化方法

为了使智能控制系统获得更好的控制效果,往往需要对智能控制器的参数甚至控制器的结构进行优化。由于智能控制的对象具有难以精确建模的特点,所以基于精确模型的传统优化方法难以应用。因此,应用不依赖于精确模型的智能优化算法对于优化智能控制器具有重要意义。然而,多数智能控制系统中的智能优化要求具有实时性的特点,而已有的大多数智能优化算法都难以实现实时优化。本章我们就来讨论用于智能控制系统实时优化的智能优化算法。

6.1　智能优化算法概述

随着生产和科学研究的迅猛发展,以及计算机的日益普及,遗传算法、粒子群优化算法、蚁群优化算法、人工免疫算法、分布估计算法等一系列智能优化方法相继被提出,人类在寻求最优化方法的探索道路上取得了十分可喜的成就。

6.1.1　经典的最优化方法

一般地,经典的最优化方法可以分成解析法、直接法和数值法,详述如下:

(1)解析法。根据最优性的必要条件,通过对目标函数或广义目标函数求导,得到一组方程或不等式,再求解这组方程或不等式。该方法只适用于目标函数和约束条件有明显的解析表达式的情况,而且需要人工计算目标函数的导数。对于控制系统的参数优化而言,其目标函数的导数常常无法求取,因此该方法不适合进行控制系统的优化。

(2)直接法。无需求解目标函数的导数,而采用直接搜索的方法经过若干次迭代搜索到最优点。这种方法常常根据经验或通过试验得到所需的结果。对于一维搜索(单变量极值问题),主要有黄金分割法或多项式插值法;对于多维搜索问题(多变量极值问题),有变量轮换法和单纯形法等。当目标函数较为复杂或者不能用变量显函数描述时,可以采用变量轮换法解决问题。变量轮换法的核心思想是把多变量的优化问题轮流地转化为单变量的优化问题,但仅适用于维数较低且目标函数具有类似正定二次型特点的问题。就控制系统而言,该方法可以有效地解决采用 PI 控制律的单回路控制系统优化问题,但是对于多回路或较复杂的控制系统的优化,该方法往往表现出较低的效率。这种情况下,单纯形法显得更为有效和实用。单纯形法是一种发展较早的优化算法,具有操作简单、计算量小、适用面广、便于计算机实现等优点。与变量轮换法一样,缺点是对初值的选择比较敏感,不恰当的初值常常导致寻优失败。此外,对于多极值问题,这两种方法都无能为力。虽然已经发展出很多智能优化算法,就优化目标函数而言,智能优化算法完全能取代它们。但是,单纯形法操作方便、计算量小,在进行工业试验(运筹规划)时,试验次数少,仍具有一定的实用价值。

(3)数值法。与直接法类似,它采用直接搜索的方法迭代搜索最优点。所不同的是它以目标函数的梯度的反方向作为指导搜索方向的依据,搜索过程具有更强的目的性,因而比简单的直接法效率更高。因此它也被看作是一种解析与数值计算相结合的方法。典型的有最速下降法、共轭梯度法和牛顿法等。其缺点是需要求目标函数的梯度,因而也不适用于进行控制系统的优化。

6.1.2　智能优化方法

智能优化方法是通过模拟某一自然现象或过程而建立起来的,它们具有适于高度并行、自组织、自学习与自适应等特征,为解决复杂问题提供了一种新途径。在控制系统优化中应用较多的算法有遗传算法、粒子群优化算法、蚁群优化算法、人工免疫算法、分布估计算法等,详述如下:

(1)遗传算法。遗传算法来源于对生物进化过程的模拟,它根据"优胜劣汰"原则,将问题的求解表示成染色体的适者生存过程。染色体通过交叉和变异等操作一代代地进化,最终收敛到最适应环境的个体,即问题的最优解或满意解。相对于传统的优化方法,遗传算法具有一些显著的优点。该算法允许所求解的问题是非线性的、不连续的以及多极值的,并能从整个可行解空间寻找全局最优解和次优解,避免只得到局部最优解。这样可以提供更多有用的参考信息,以便更好地进行系统控制。同时其搜索最优解的过程是有指导性的,避免了一般优化算法的维数灾难问题。

(2)粒子群优化算法。粒子群算法来源于对鸟群优美而不可预测的飞行动作的模拟,粒子的飞行速度动态地随粒子自身和同伴的历史飞行行为改变而改变。它没有遗传算法的交叉、变异等操作,而是让粒子在解空间追随最优的粒子进行搜索。同遗传算法比较,其优势在于简单、容易实现,并且待调整的参数较少。

(3)蚁群优化算法。蚁群算法是受自然界中蚂蚁搜索食物行为的启发而提出的一种随机优化算法,单个蚂蚁是脆弱的,而蚁群的群居生活却能完成许多单个个体无法承担的工作,蚂蚁间借助于信息素这种化学物质进行信息的交流和传递,并表现出正反馈现象:某段路径上经过的蚂蚁越多,该路径被重复选择的概率就越高。正反馈机制和通信机制是蚁群算法的两个重要基础。

(4)人工免疫算法。人工免疫算法是模拟人和生物免疫系统中蕴含着丰富的信息处理机理,包括识别、活化、学习、记忆、正反馈(活化)、负反馈(免疫)、优化等而提出的多种优化算法的统称。免疫算法没有一个统一的模式,它分为基于群体的免疫算法(免疫遗传算法、克隆选择算法、反向选择算法等)和基于网络的免疫算法。免疫算法已用于计算机安全、故障诊断、异常检测、智能控制及优化等领域。

(5)分布估计算法。1996 年,Muhlenbein 最先提出了分布估计算法的概念。分布估计算法是一种基于概率模型的进化算法,它通过对当前优秀个体集合建立概率模型来指导算法下一步的搜索,并从所获得的较优解的概率分布函数中抽样产生新的个体。分布估计算法源于遗传算法,但它与遗传算法不同的是没有交叉和变异操作。由于这类算法在本质上改变了基本遗传算法通过重组操作产生群体的途径,因此改善了基本遗传算法中存在的欺骗问题和连锁问题。

6.2　遗传算法

遗传算法是一种新发展起来的基于优胜劣汰、自然选择、适者生存和基因遗传思想的优化算法,20 世纪 60 年代产生于美国的密歇根大学。从 1985 年起,国际上开始举行"遗传算法的国际会议",以后则更名为"进化计算的国际会议",参加的人数及收录文章的数量、广度和深度逐次扩大。遗传算法已成为人们用来解决高度复杂问题的一个新思路和新方法。目前遗传算法已被广泛应用于许多实际问题,如函数优化、自动控制、图像识别、机器学习、人工神经网络、分子生物学、优化调度等许多领域中的问题。

6.2.1　遗传算法的基本原理

遗传算法的基本原理是基于达尔文(Darwin)的进化论和孟德尔(Mendel)的基因遗传学原理。进化论认为每一物种在不断的发展过程中都是越来越适应环境。物种的每个个体的基本特征被后代所继承,但后代又不完全同于父代,这些新的变化若适应环境,则被保留下来。在某一环境中也是那些更能适应环境的个体特征能被保留下来,这就是适者生存的原理。遗传学说认为,遗传是作为一种指令码封装在每个细胞中,并以基因的形式包含在染色体中,每个基因有特殊的位置并控制某个特殊的性质,每个基因产生的个体对环境有一定的适应性,基因杂交和基因突变可能产生对环境适应性更强的后代,通过优胜劣汰的自然选择,适应值高的基因结构就保存下来。

遗传算法将问题的求解表示成"染色体"(用编码表示字符串)。该算法从一群"染色体"串出发,将它们置于问题的"环境"中,根据适者生存的原则,从中选择出适应环境的"染色体"进行复制,通过交叉、变异两种基因操作产生出新的一代更适应环境的"染色体"种群。随着算法的运行,优良的品质被逐渐保留并加以组合,从而不断产生出更优秀的个体。这一过程就如生物进化那样,好的特征被不断地继承下来,坏的特性被逐渐淘汰。新一代个体中包含着上一代个体的大量信息,新一代的个体不断地在总体特性上胜过旧的一代,从而使整个群体向前进化发展。对于遗传算法,也就是不断接近最优解。

6.2.2　遗传算法的操作及实现

图 6-1 给出了遗传算法的基本操作过程。一般地,遗传算法的基本操作包括如下 3 步:

(1)选择。选择又称复制,即从种群中按一定标准选定适合做亲本的个体,通过交配后复制出子代来。选择首先要计算个体的适应度,然后根据适应度不同,有多种选择方法,具体如下:

①适应度比例法。利用比例于各个个体适应度的概率决定于其子孙遗留的可能性。

②期望值法。计算各个个体遗留后代的期望值,然后再减去 0.5。

③排位次法。按个体适应度排序,对各位次预先已被确定的概率决定遗留为后代。

④精华保存法。无条件保留适应度大的个体不受交叉和变异的影响。

⑤轮盘赌法。类似于博采中的轮盘赌,按个体的适应度比例转化为选中的概率。

(2)交叉。交叉是把两个染色体换组(重组)的操作,交叉有多种方法:单点交叉、多点交叉、部分映射交叉、顺序交叉、循环交叉、基于位置的交叉、基于顺序的交叉和启发式交叉等。

(3)变异。变异运算用来模拟生物在自然的遗传环境中由于各种偶然因素引起的基因突变,它以很小的概率随机地改变遗传基因(表示染色体的符号串的某一位)的值。在染色体以二进制编码的系统中,它随机地将染色体的某一个基因由 1 变为 0,或由 0 变为 1。若只有选择和交叉,而没有变异,则无法在初始基因组合以外的空间进行搜索,使进化过程在早期就陷入局部解而进入终止过程,从而影响解的质量。为了在尽可能大的空间中获得质量较高的优化解,必须采用变异操作。

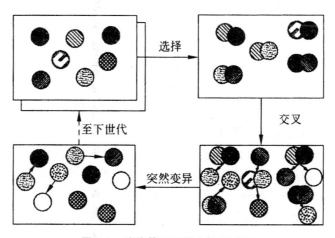

图 6-1 遗传算法的基本操作过程

这里通过一个求解二次函数最大值的例子来说明遗传算法的具体步骤。设 $x \in [0, 31]$,试利用遗传算法求解求二次函数 $f(x) = x^2$ 的最大值。这个问题的解显然为 $x = 31$,利用遗传算法求解的具体步骤如下:

(1)编码。用二进制码字符串表达所研究的问题称为编码,每个字符串称为个体。相当于遗传学中的染色体,每一遗传代次中个体的组合称为群体。由于 x 的最大值为 31,只需 5 位二进制数组成个体。

(2)产生初始种群。采用随机方法,假设得出的初始群体分别为 01101,11000,01000,10011,其中 x 值分别对应为 13、24、8、19,如表 6-1 所示。

表 6-1　遗传算法的初始群体

个体编号	初始群体	x_i	适应度 $f(x_i)$	$\dfrac{f(x_i)}{\sum f(x_i)}$	$\dfrac{f(x_i)}{\overline{f}}$ （相对适应度）	下代个体数目
1	01101	13	169	0.14	0.58	1
2	11000	24	576	0.49	1.97	2
3	01000	8	64	0.06	0.22	0
4	10011	19	361	0.31	1.23	1
适应度总和 $\sum f(x_i)=1170$，适应度平均值 $\overline{f}=293$，$f_{\max}=576$，$f_{\min}=64$						

（3）计算适应度。为了衡量个体（字符串，染色体）的好坏，采用适应度作为指标（目标函数）。这里用 x^2 计算适应度，对于不同 x 的适应度值如表 6-1 中 $f(x_i)$ 所示。适应度总和为 $\sum f(x_i)=f(x_1)+f(x_2)+f(x_3)+f(x_4)=1170$，平均适应度 $\overline{f}=\dfrac{\sum f(x_i)}{4}=293$ 反映群体整体平均适应能力，相对适应度 $\dfrac{f(x_i)}{\overline{f}}$ 反映个体之间的优劣性。因第 2 号个体的相对适应度值最高，显然为优良个体，而 3 号个体为不良个体。

（4）选择。从已有群体中选择出适应度高的优良个体进入下一代，使其繁殖，删掉适应度小的个体。本例中，2 号个体最优，在下一代中占 2 个，3 号个体最差被删除，1 号与 4 号个体各保留 1 个，新群体分别为 01101，11000，11000，10011。对新群体适应度的计算如表 6-2 所示。由表 6-2 可以看出，复制后淘汰了最差个体（3 号），增加了优良个体（2 号），使个体的平均适应度得以增加。复制过程体现了优胜劣汰原则，使群体的素质不断得到改善。

表 6-2　遗传算法的复制与交换

个体编号	复制初始群体	x_i	复制后适应度	交换对象	交换位置	交换后的群体	交换后适应度
1	01101	13	169	2 号	4	01100	144
2	11000	24	576	1 号	4	11001	625
3	11000	24	576	4 号	3	11011	729

续表

个体编号	复制初始群体	x_i	复制后适应度	交换对象	交换位置	交换后的群体	交换后适应度
4	10011	19	361	3 号	3	10000	256
适应度总和 $\sum(x_i)$			1682	—			1754
适应度平均值 $\overline{f}(x_i)$			421	—			439
适应度最大值 $f_{\max}$			576	—			729
适应度最小值 $f_{\min}$			169	—			256

（5）交叉。交叉又称为交换或杂交。复制过程虽然平均适应度提高，但却不能产生新的个体，模仿生物中杂交产生新品种的方法，对字符串（染色体）的某些部分进行交叉换位。对个体利用随机配对方法决定父代，如 1 号和 2 号配对；3 号和 4 号配对。以 3 号和 4 号交叉为例，经交叉后出现的新个体 3 号，其适应度高达 729，高于交换前的最大值 576，同样 1 号与 2 号交叉后产生的新个体 2 号的适应度由 576 增加为 625，如表 6-2 所示。此外，平均适应度也从原来的 421 提高到 439，表明交叉后的群体正朝着优良的方向发展。

（6）突变。突变又称为变异、突然变异。在遗传算法中模仿生物基因突变的方法，将表示个体的字符串某位由 1 变为 0，或由 0 变为 1。例如，将个体 10000 的左侧第 3 位由 0 突变为 1，则得到新个体为 10100。在遗传算法中，以什么方式突变由事先确定的概率决定，突变概率一般取为 0.01 左右。

（7）反复上述（3）～（6）的步骤，直到得到满意的最优解为止。

从上述用遗传算法求解函数极值的过程可以看出，遗传算法仿效生物进化和遗传的过程，从随机生成的初始可行解出发，利用选择、交叉、变异操作，遵循优胜劣汰的原则，不断循环执行，逐渐逼近全局最优解。

实际上，给出具有极值的函数，可以用传统的优化方法进行求解，当用传统的优化方法难以求解，甚至不存在解析表达或隐函数不能求解的情况下，用遗传算法优化求解就显示出了巨大的潜力。

6.2.3　遗传算法用于函数优化

1989 年 Goldberg 总结出的遗传算法，称为基本遗传算法，或称简单的 GA，它的构成要素如下：

（1）染色体编码方法。采用固定长度二进制符号串表示个体，初始群体个体的基因值由均匀分布的随机数产生。

（2）个体适应度评价。采用与个体适应度成正比例的概率来决定当前群体中个体遗传下一代群体的机会多少。

（3）基本遗传操作。选择、交叉、变异（三种遗传算子）。

（4）基本运行参数。M 为群体的大小，所包含个体数量为 $20\sim100$；T 为进化代数，一般取 $10\sim500$；p_c 为交叉概率，一般取 $0.4\sim0.99$；p_m 为变异概率，一般取 $0.0001\sim0.1$；l 为编码长度，当用二进制编码时长度取决于问题要求的精度；G 为代沟，表示各群体间个体重叠程度的一个参数，即表示一代群体中被换掉个体占全部个体的百分率。

6.3 粒子群优化算法

粒子群算法也称粒子群优化算法（PSO），它是一种进化计算技术，1995年由 Eberhart 博士和 Kennedy 博士提出，该算法源于对鸟群捕食的行为的研究，是近年来迅速发展的一种新的进化算法。最早的 PSO 是模拟鸟群觅食行为而发展起来的一种基于群体协作的随机搜索算法，让一群鸟在空间里自由飞翔觅食，每个鸟都能记住它曾经飞过最高的位置，然后就随机地靠近那个位置，不同的鸟之间可以互相交流，它们都尽量靠近整个鸟群中曾经飞过的最高点，这样，经过一段时间就可以找到近似的最高点。PSO 算法属于进化算法的一种，和遗传算法相似。它也是从随机解出发，通过迭代寻找最优解，也是通过适应度来评价解的品质，但它比遗传算法规则更为简单，没有遗传算法的"交叉"和"变异"操作，通过追随当前搜索到的最优值来寻找全局最优解。这种算法以其实现容易、精度高、收敛快等优点引起了学术界的重视，并且在解决实际问题中展示了其优越性。目前已广泛应用于函数优化、系统辨识、模糊控制等应用领域。

6.3.1 粒子群优化算法原理

自然界中许多生物体都具有群聚生存、活动行为，以利于它们捕食及逃避追捕。因此，通过仿真研究鸟类群体行为时，要考虑以下 3 条基本规则：

（1）飞离最近的个体，以避免碰撞。

（2）飞向目标（食物源、栖息地、巢穴等）。

（3）飞向群体的中心，以避免离群。

鸟类在飞行过程中是相互影响的，当一只鸟飞离鸟群而飞向栖息地时，将影响其他鸟也飞向栖息地。鸟类寻找栖息地的过程与对一个特定问题寻找解的过程相似。鸟的个体要向周围同类其他个体比较,模仿优秀个体的行为。因此要利用其解决优化问题,关键要处理好探索一个好解与利用一个好解之间的平衡关系,以解决优化问题的全局快速收敛问题。这样就要求鸟的个体具有个性,鸟不互相碰撞,又要求鸟的个体要知道找到好解的其他鸟并向它们学习。

　　PSO 算法的基本思想是模拟鸟类的捕食行为。假设一群鸟在只有一块食物区域内随机捕索食物,所有鸟都不知道食物的位置,但它们知道当前位置与食物的距离,最为简单而有效的方法是搜寻目前离食物最近的鸟所在的区域。PSO 算法从这种思想得到启发,将其用于解决优化问题。设每个优化问题的解都是搜索空间中的一只鸟,把鸟视为空间中的一个没有重量和体积的理想化"质点",称其中"微粒"或"粒子",每个粒子都有一个由被优化函数所决定的适应值,还有一个速度决定它们的飞行方向和距离。然后粒子们以追随当前的最优粒子在解空间中搜索最优解。

　　设 n 维搜索空间中粒子 i 的当前位置 X_i、当前飞行速度 V_i 及所经历的最好位置 $Xbest_i$(即具有最好适应值的位置)分别表示为

$$X_i = (x_{i1}, x_{i2}, \cdots, x_{in}) \tag{6-3-1}$$

$$V_i = (v_{i1}, v_{i2}, \cdots, v_{in}) \tag{6-3-2}$$

$$Xbest_i = (p_{i1}, p_{i2}, \cdots, p_{in}) \tag{6-3-3}$$

　　对于最小化问题,若 $f(X)$ 为最小化的目标函数,则粒子 i 的当前最好位置确定为

$$P_i(t+1) = \begin{cases} Xbest_i, & f[X_i(t+1)] \geqslant f[P_i(t)] \\ X_i(t+1), & f[X_i(t+1)] < f[P_i(t)] \end{cases} \tag{6-3-4}$$

　　设群体中的粒子数为 S,群体中所有粒子所经历过的最好位置为 $Xbest_g$ 称为全局最好位置,即为

$$f(Xbest_g) = \min\{f(Xbest_1), f(Xbest_2), \cdots, f(Xbest_S)\} \tag{6-3-5}$$

其中, $f(Xbest_g) \in \{f(Xbest_1), f(Xbest_2), \cdots, f(Xbest_S)\}$

　　基本粒子群算法中粒子 i 的进化方程可描述为

$$v_{ij}(t+1) = v_{ij}(t) + c_1 r_{1j}(t)[Xbest_{ij} - x_{ij}(t)] + c_2 r_{2j}(t)[Xbest_{gj} - x_{ij}(t)] \tag{6-3-6}$$

$$x_{ij}(t+1) = x_{ij}(t) + v_{ij}(t+1) \tag{6-3-7}$$

其中: $v_{ij}(t)$ 表示粒子 i 第 j 维第 t 代的运动速度; c_1 和 c_2 均为加速度常数; r_{1j} 和 r_{2j} 分别为两个相互独立的随机数; $Xbest_g$ 为全局最好粒子的位置。

　　式(6-3-6)描述了粒子 i 在搜索空间中以一定的速度飞行,这个速度要根据本身的飞行经历[式(6-3-6)中右边第 2 项]和同伴的飞行经历[式(6-3-6)

中左边第3项]进行动态调整。

6.3.2　粒子群优化算法的基本步骤

如图6-2所示,给出了PSO算法的基本步骤,各步的具体内容如下:

(1)初始化。包括定义初始种群(速度-位移模型以及种群大小等),进化代数,还有一些修正改进算法中可能用到的常量。

(2)评价种群。计算初始种群各个粒子的适应度。

(3)求出当前的 $Xbest_i$ 和 $Xbest_g$。

(4)进行速度和位置的更新。

(5)评价种群。计算新种群中粒子的适应度。

(6)比较 $Xbest_i$ 和 $Xbest_g$,若优越则替换。

(7)判断算法结束条件(包括精度要求和进化代数要求),满足则跳出循环,不满足则跳到(4)继续执行。

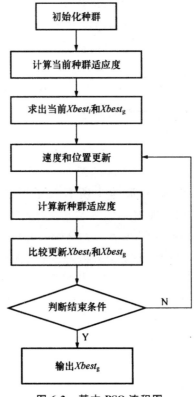

图6-2　基本PSO流程图

6.3.3 标准粒子群算法

标准粒子群算法是指带惯性权重的 PSO,它是对基本粒子群算法最早的一种改进,这种改进启发其他研究者更加深入地研究粒子群优化机制和其他更加有效的方法。

标准 PSO 主要是在式(6-3-6)中引入了惯性权重 ω,即

$$v_{ij}(t+1) = \omega v_{ij}(t) + c_1 r_{1j}(t)[Xbest_{ij} - x_{ij}(t)] + c_2 r_{2j}(t)[Xbest_{gj} - x_{ij}(t)]$$

$$(6\text{-}3\text{-}8)$$

惯性权重 ω 是为了平衡全局搜索和局部搜索而引入的,惯性权重代表了原来速度在下一次迭代中所占的比例,ω 较大时,前一速度的影响较大,全局搜索能力比较强;ω 较小时,前一速度的影响较小,局部搜索能力比较强。合适的 ω 值在搜索速度和搜索精度方面起着协调作用。因此,一般采用惯性权重递减策略,即在算法的初期取较大的惯性权值 ω 以对整个问题空间进行有效的搜索,算法进行后期取较小惯性权值 ω 以有利于算法的收敛。惯性权重递减公式为

$$\omega = \omega_{\max} - \frac{\omega_{\max} - \omega_{\min}}{T_{\max}} t \qquad (6\text{-}3\text{-}9)$$

式中:$\omega_{\max}$ 和 $\omega_{\min}$ 分别为 ω 的最大和最小值,ω 的取值范围在 $[0,1.4]$ 比较合适,但通常取在 $[0.8,1.2]$;$T_{\max}$ 和 t 分别是最大的迭代数和当前的迭代数。

另外,Clerc 提出的收缩因子法也是一种标准的 PSO 算法。它把基本的速度公式即式(6-3-6)改变为

$$v_{ij}(t+1) = \gamma\{v_{ij}(t) + c_1 r_1[p_{ij} - x_{ij}(t)] + c_2 r_2[p_{gj} - x_{ij}(t)]\}$$

$$(6\text{-}3\text{-}10)$$

其中,$\gamma = \dfrac{2}{|2 - \varphi - \sqrt{\varphi^2 - 4\varphi}|}$,$\varphi = c_1 + c_2$,$\varphi > 4$。通常情况下取 $c_1 = c_2 = 2.05$,$\varphi = 4.1$,此时 $\gamma = 0.7298$。实验结果表明,两种方法差不多,收缩因子很有效率,但是在有些情况下无法得到全局极值点。

6.4 蚁群优化算法

6.4.1 人工蚁群与真实蚁群

蚁群算法(ACO)是模拟蚂蚁群体觅食行为的仿生优化算法,由意

大利学者 M. Dorigo 于 1991 年在他的博士论文中首次提出。在蚁群算法中，需要建立与真实蚂蚁对应的人工蚁群概念。人工蚁群与真实蚁群有许多相同之处，也有一些不同之处。一方面，人工蚁群是真实蚁群行为特征的抽象，这种抽象体现在将真实蚁群觅食行为中最重要的信息机制赋予人工蚁群；另一方面，因人工蚁群需要解决实际问题中的复杂优化问题，为了能使蚁群算法更加有效，它具备真实蚁群所不具备的一些特征。

1. 真实蚁群和人工蚁群的异同

人工蚁群主要的行为特征都是源于真实蚁群的，故两者具有如下共性：

(1)人工蚁群和真实蚁群有相同的任务，就是寻找起点(蚁穴)和终点(食物源)之间的最优解(最短路径)。

(2)人工蚁群和真实蚁群都是相互合作的群体，最优解(最短路径)是整个蚁群中每个蚂蚁个体相互协作、共同不断探索的结果。

(3)人工蚁群和真实蚁群都是通过信息素进行间接通信。人工蚁群算法中信息素轨迹是通过状态变量来表示的。状态变量用一个二维信息素矩阵 t 来表示。矩阵中的元素 τ_{ij} 表示在节点 i 选择节点 j 作为移动方向的指标值，该指标值越大，在节点 i 选择去节点 j 的可能性越大。该状态矩阵中的各元素设置初值后，随着蚂蚁在所经过的路径上释放信息素的增多，矩阵中的相应元素项的值也随之改变。人工蚁群算法就是通过修改矩阵中元素的值，来模拟真实蚁群中信息素更新的过程。

(4)人工蚁群还应用了真实蚁群觅食过程中的正反馈机制。蚁群的正反馈机制使得问题的解向着全局最优的方向不断进化，最终能够有效地获得相对较优的解。

(5)人工蚁群和真实蚁群都存在着信息素挥发机制。这种机制可以使蚂蚁逐渐忘记过去，不会受过去经验的过分约束，这有利于指引蚂蚁向着新的方向进行搜索，避免算法过早收敛。

(6)人工蚁群和真实蚁群都是基于概率转移的局部搜索策略，即蚂蚁在节点 i 基于概率转移到节点 j。蚂蚁转移时，所应用的策略在时间和空间上是完全局部的。

2. 人工蚁群的特征

人工蚁群主要的行为特征都是源于真实蚁群的，但是不完全等同于真实蚁群。从算法模型的角度出发，人工蚁群具有真实蚁群不具备的下列特性：

（1）人工蚁群生活在一个离散的空间中,它们的移动,本质上是从一个离散状态向另一个离散状态的变化。

（2）人工蚁群具有记忆它们过去行为的特征。

（3）人工蚂蚁释放信息素的量,是由蚁群所建立的问题解决方案优劣程度的函数来决定。

（4）人工蚁群信息素更新的时间,随问题的不同而变化,不反映真实蚁群的行为。例如,有的人工蚁群算法模型中,人工蚁群算法在产生一个解后,才去改变解所对应的路径上信息素的量;在有的人工蚁群算法模型中,则是蚂蚁只要做出一步选择(即从当前城市 i 选择去城市 j,在到达城市 j)的同时就更新所选路段(ij)上信息素的量。

（5）为了改善算法的性能,对人工蚁群可以赋予一些特殊本领,如前瞻性、局部优化、原路返回等。在一些应用中,人工蚁群算法可以有局部更新能力。

6.4.2 基本人工蚁群算法原理

旅行商问题是数学领域中著名的问题之一,它假设有一个旅行商人要去 n 个城市,他需要规划所要走的路径,路径规划的目标是必须经历所有 n 个城市,且所规划路径对应的路程为最短。规划路径的限制是每个城市只能去一次,而且最后要回到原来出发的城市。

显然,TSP 问题的本质是一个组合优化问题,该问题已经被证明具有 NP 计算复杂性。所以,任何能使该问题求解且方法简单的算法,都受到高度的评价和关注。本节结合求解 TSP 问题来介绍基本的人工蚁群算法的原理。

基本蚁群算法求解旅行商问题的原理是:首先将 m 个人工蚂蚁随机地分布于多个城市,且每个蚂蚁从所在城市出发,n 步(蚂蚁从当前所在城市转移到任何另一城市为一步)后,每个人工蚂蚁回到出发的城市(也称走出一条路径)。如果 m 个人工蚂蚁所走出的 m 条路径对应的路程中最短者不是 TSP 问题的最短路程,则重复这一过程,直至寻找到满意的 TSP 问题的最短路程为止。在此迭代过程的一次循环中,任何一只蚂蚁不仅要遵循约束即每个城市只能访问一次,而且从当前所在城市 i 以概率确定将要去访问的下一个城市 j。这个概率是它所在城市 i 与下一个要去城市 j 之间的距离 d_{ij} 以及城市 i 与城市 j 之间道路(这里把两个城市 i 与 j 抽象为平面上两个点,城市 i 与 j 之间的道路抽象为这两个点之间的连线,称其为边,记为 e_{ij})上信息素量的函数。当蚂蚁确定好下一个要访问的城市 j,且到达

这个城市 j 时,会以某种方式在这两个城市之间的路段上释放(贡献)信息素。

6.4.3 蚁群优化算法的基本模型

蚁群算法提出的初期被用来解决 TSP 问题,又称为旅行推销员问题、货郎担货问题。TSP 问题是数学领域中的著名问题之一。它假设一个旅行商人要拜访 n 个城市,他必须选择所要走的路径,路径的限制是每个城市只能拜访一次,而且最后要回到原来出发的城市。路径的选择目标是求得的路径路程为所有路径之中的最小值。为了便于理解,以 TSP 问题为例说明蚁群算法的基本模型,对于其他问题,依据此模型稍作修改,便可应用。首先引入符号,设 m 为蚁群中蚂蚁的总数目;n 为 TSP 规模(即城市数目);d_{ij} 为城市 i 和城市 j 之间的距离$(i,j=1,2,3,\cdots,n)$,若城市 i 的坐标为 (x_i,y_i),则城市 i 到 j 的距离为 $d_{ij}=\sqrt{(x_i-x_j)^2+(y_i-y_j)^2}$;$b_i(t)$ 为 t 时刻位于城市 i 的蚂蚁数;η_{ij} 为 t 时刻,蚂蚁从城市 i 转移到城市 j 的期望度,为启发式因子,在 TSP 问题中 $\eta_{ij}=\dfrac{1}{d_{ij}}$,称为能见度;$\tau_{ij}$ 为 t 时刻在城市 i 和城市 j 之间的路径上的信息素量,在算法的初始时刻,将 m 只蚂蚁随机放在 n 个城市,并设各条路径上的信息素量 $\tau_{ij}(t)=c\tau_{ij}(t)=C(C$ 为常数);$P_{ij}^k(t)$ 为 t 时刻蚂蚁 k 从城市 i 转移到城市 j 的概率,位于城市 i 的蚂蚁 $k(k=1,2,\cdots,m)$ 选择路径时按概率 $P_{ij}^k(t)$ 决定转移方向,即

$$P_{ij}^k(t)=\begin{cases}\dfrac{\tau_{ij}^\alpha(t)\eta_{ij}^\beta}{\sum\limits_{j\in\text{allowed}(k)}\tau_{ij}^\alpha(t)\eta_{ij}^\beta},j\in\text{allowed}(k)\\0,\text{其他}\end{cases} \quad (6\text{-}4\text{-}1)$$

式中:α 和 β 分别表示路径上的信息素量和启发式因子的重要程度。allowed(k) 表示蚂蚁 k 下一步允许选择的城市。蚂蚁每经过一个城市,就将该城市放入禁忌表(Tabu list)中。人工蚂蚁的这种记忆功能,是实际蚂蚁所不具备的。

为了避免残留信息素过多而引起启发信息被淹没,在每只蚂蚁走完一步或者完成对 n 个城市的遍历后,要对各条路径上的信息素进行调整,即

$$\tau_{ij}(t+n)=\rho\tau_{ij}(t)+\Delta\tau_{ij}(t) \quad (6\text{-}4\text{-}2)$$

$$\Delta\tau_{ij}(t)=\sum_{k=1}^m\Delta\tau_{ij}^k(t) \quad (6\text{-}4\text{-}3)$$

式中:ρ 表示信息素残留系数,为了防止信息的无限积累,ρ 的取值范围应在 $0 \sim 1$ 之间,$\tau_{ij}(t)$ 表示在本次循环后留在 i 到 j 路径上的信息素增量,$\Delta\tau_{ij}^{k}(t)$ 表示第 k 只蚂蚁在本次循环中留在路径 (i,j) 上的信息素量。

根据信息素更新策略的不同,M. Dorigo 曾给出三种不同的实现方法,分别称之为 Ant-Cycle 模型、Ant-Quantity 模型及 Ant-Density 模型,其差别就在于 $\Delta\tau_{ij}^{k}(t)$ 的求法不同。

在 Ant-Cycle 模型中

$$\Delta\tau_{ij}^{k}(t)=\begin{cases}\dfrac{Q}{L_k},\text{若第 } k \text{ 只蚂蚁在 } t \text{ 到 } t+1 \text{ 时刻经过路径}(i,j)\\[2mm]0,\text{其他}\end{cases}$$

$$(6\text{-}4\text{-}4)$$

在 Ant-Quantity 模型中

$$\Delta\tau_{ij}^{k}(t)=\begin{cases}\dfrac{Q}{d_{ij}},\text{若第 } k \text{ 只蚂蚁在 } t \text{ 到 } t+1 \text{ 时刻经过路径}(i,j)\\[2mm]0,\text{其他}\end{cases}$$

$$(6\text{-}4\text{-}5)$$

在 Ant-Density 模型中

$$\Delta\tau_{ij}^{k}(t)=\begin{cases}Q,\text{若第 } k \text{ 只蚂蚁在 } t \text{ 到 } t+1 \text{ 时刻经过路径}(i,j)\\[2mm]0,\text{其他}\end{cases}$$

$$(6\text{-}4\text{-}6)$$

式中:Q 表示信息素强度,在一定程度上影响算法的收敛速度;L_k 表示第 k 只蚂蚁在本次循环中所走路径的长度。

三者的区别是,式(6-4-5)、式(6-4-6)利用的是整体信息,即蚂蚁完成一次周游后,更新所有路径上的信息素;而式(6-4-4)利用的是局部信息,即蚂蚁每走一步都要进行信息素的更新。由于在求解 TSP 问题中,式(6-4-4)的性能较好,因此通常将式(6-4-4)作为蚁群算法的基本模型。

基本蚁群算法解决 TSP 问题时的运行过程如下:m 只蚂蚁同时从某城市出发,根据式(6-4-1)的状态转移概率公式选择下一个旅行的城市。每到达一个城市后,将其放入禁忌表中。一次遍历完成后,由式(6-4-2)更新各条路径上的信息素量,反复执行上述过程,直至终止条件成立。如图 6-3 所示,给出了蚁群优化算法的流程示意图。

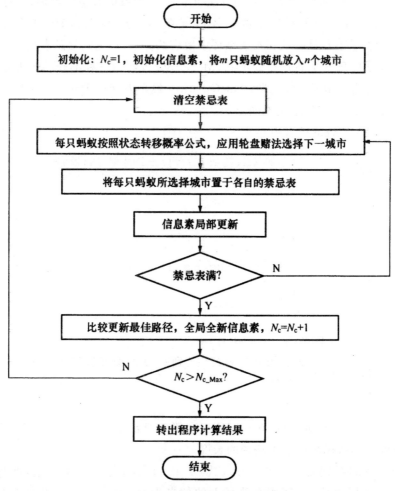

图 6-3　基本蚁群优化算法流程图

6.4.4　基于蚁群算法的 PID 控制器参数优化

蚁群算法提出主要用于解决 TSP 问题,在解决离散域的组合优化问题中有较好的表现。经过近些年的发展和不断深入研究,蚁群算法在解决连续域函数优化问题时也取得了较好的成果。在控制系统参数优化方面,很多学者提出了不同的方法成功地将蚁群算法运用到 PID 控制器参数优化中,并且取得了较好的控制效果。其中比较典型的方法有:将离散域中的"信息量存留"的过程拓展为连续域中的"信息分布函数",运用网格划分将解空间离散化;或将每个解分量的可能值组成一个动态的候选组,并记录每个候选组的信息量,等等。这里采用的则是一种更接近基本蚁群算法的方法,将 PID 控制参数优化问题转换成 TSP 问题。所不同的是,蚂蚁的每次遍历均按照固定的顺序走完所有城市。

1. 编码规则

在求解连续空间优化问题时,首先定义一个有向多重图,如图 6-4 所示。其城市节点集合为 $\{C_1, C_2, \cdots, C_s\}$。其中,$C_1$ 为起始节点,终点未记录在内。每个城市只与相邻城市之间有路径相连,且每两相邻城市之间存在 10 条可选的路径,分别标以数值 $1, 2, \cdots, 10$。蚂蚁从起始节点 C_1 出发,只能向前做单向运动,不会重复经历任何城市,因此无须设置禁忌表。

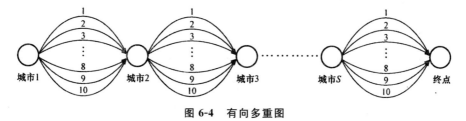

图 6-4　有向多重图

若连续空间优化问题的维数为 N,则城市个数 S 定义为 N 的整数倍,即

$$S = LN \tag{6-4-7}$$

式中:L 为整数,表示单变量的编码长度。L 对应于问题的求解精度,L 越大则精度越高。每只蚂蚁从起点开始,依次遍历全部城市并到达终点后,即得到一个问题的解 $X = \{x_i \mid i = 1, 2, \cdots, N\}$。按照遍历的先后顺序,蚂蚁每经过 L 个城市,即对应着解中的一个变量 x_i。设第 k 只蚂蚁的某次遍历所形成的轨迹为 $\{p_{k1}, p_{k2}, \cdots, p_{ks}\}$。则该蚂蚁的遍历过程所对应的解为

$$e_i = \sum_{m=1}^{L} \frac{(p_{kj} - 1)}{10^m} \quad (i = 1, 2, \cdots, N; j = (i-1)L + m) \tag{6-4-8}$$

$$x_i = (x_{iH} - x_{iL})e_i + x_{iL}$$

式中:p_{kj} 表示蚂蚁 k 从第 j 个城市出发时所选择路径的编号,取值在 $0 \sim 10$ 之间;e_i 为变量 x_i 的归一化数值;x_{iH} 和 x_{iL} 分别为变量 x_i 取值范围的上、下限。

2. 优化过程

首先,将各条路径上的信息素用相同的数值初始化。随即令各只蚂蚁由同一起点开始逐次进行遍历活动。与 TSP 问题类似,蚂蚁按照状态转移概率公式选择由每座城市出发所采取的路径。对于第 t 次遍历,设蚂蚁 k

从城市 i 移动到下一城市选择第 j 条路径的概率为 $P_{ij}^k(t)$，其计算式为

$$P_{ij}^k(t) = \frac{\tau_{ij}(t)}{\sum\limits_{p=1}^{10} \tau_{ip}(t)} \qquad (6\text{-}4\text{-}9)$$

一次遍历结束后，对每只蚂蚁所走过的路径进行评价。首先利用式 (6-4-8) 求得对应的解，并求取相应的目标函数。然后记录下到目前为止的最佳路径。接下来对各只蚂蚁所经路径上的信息素进行更新，即

$$\tau_{ij}^k(t+1) = \rho_1 \tau_{ij}^k(t) + \Delta\tau_{ij}^k(t) \qquad (6\text{-}4\text{-}10)$$

其中，$\Delta\tau_{ij}^k(t)$ 的计算式为

$$\Delta\tau_{ij}^k(t) = \begin{cases} \dfrac{Q}{Q_k}, & \text{若第 } k \text{ 只蚂蚁在 } t \text{ 到 } t+1 \text{ 时刻经过路径}(i,j) \\ 0, & \text{其他} \end{cases}$$

$$\qquad (6\text{-}4\text{-}11)$$

为了加强最佳路径对蚂蚁行为的影响，需要对其信息素进行强化，即

$$\tau_{ij}^k(t+1) = \rho_2 \tau_{ij}^k(t) + \Delta\tau_{ij}^k(t) \qquad (6\text{-}4\text{-}12)$$

$$\Delta\tau_{ij}^k(t) = \begin{cases} \dfrac{Q}{Q_{best}}, & \text{若第 } k \text{ 只蚂蚁在 } t \text{ 到 } t+1 \text{ 时刻经过路径}(i,j) \\ 0, & \text{其他} \end{cases}$$

$$\qquad (6\text{-}4\text{-}13)$$

信息素更新完成后，进入下一次遍历，直到达到最大遍历次数 N_c 为止。最后，输出在历次遍历过程中所选出的最佳路径所对应的解和仿真曲线。

6.5　人工免疫算法

6.5.1　生物免疫系统的概念、组成与功能

1798 年英国医生爱德华·詹纳发明了牛痘疫苗，标志着现代免疫学的开端。经过 200 多年的研究与发展，人类对自身免疫问题和免疫能力的研究已有长足进步。现在，免疫学已从微生物学的一个分支发展成为一门独立的学科，已形成细胞免疫学、分子免疫学、内分泌免疫学、生殖免疫学、遗传免疫学、神经免疫学和行为免疫学等分支，对人类的健康做出了重要的贡献。

生物（例如人类）通过空气、水源、食物和其他直接接触等，使自然界中的有害细菌和病毒进入肌体。这时，如果人体仍然能够健康地生存，那要归功于身体内生物免疫系统的保驾护航。生物免疫系统能够保护生物自身免受外来病毒的侵害；当外部抗原（如细菌、病毒或寄生虫等）侵入机体时，免

疫系统就能够分辨"自体"和"异体",并消灭异物。"自体"是生物体自身细胞和分子,"异体"是指外来抗原。因此,生物免疫系统的任务就是"自体"和"异体"的模式识别问题。

1. 生物免疫系统的概念

生物免疫系统是由肌体组织、细胞和分子等组成的复杂系统,其基本概念和术语如下:

(1)免疫。免疫的原意是免除税赋和差役,引入医学领域后指免除瘟疫和疾病。在现代生物学中,免疫是指肌体对自体和异体识别与响应过程中产生的生物学效应的总和,正常情况下是一种维持机体循环稳定的生理性功能。换句话说,生物肌体识别异体抗原,对其产生免疫响应并清除之;肌体对自体抗原不产生免疫响应。

(2)抗原。抗原是能够被淋巴细胞识别并启动特异性免疫响应的物质。它具有 2 个重要特性,即免疫原性(能够刺激肌体产生抗体或致敏淋巴细胞的能力)和抗原性或免疫反应性(能够与其他诱生抗体或致敏淋巴细胞特异性结合的能力)。

(3)抗体。抗体是一种能够特异识别和清除抗原的免疫分子,一种具有抗细菌和抗毒素免疫功能的球蛋白物质,也称为免疫球蛋白分子。抗体有分泌型和膜型之分,分泌型抗体存在于血液与组织液中,发挥免疫功能;膜型抗体构成 B 细胞表面的抗原受体。免疫球蛋白即为抗体,因此,有时也把抗体简写为 Ig。

(4)T 细胞。T 细胞即 T 淋巴细胞,用于调节其他细胞的活动,并直接袭击宿主感染细胞。T 细胞可分为毒性 T 细胞和调节 T 细胞两类,调节 T 细胞又分为辅助性 T 细胞和抑制性 T 细胞两种。毒性 T 细胞能够清除微生物入侵者、病毒或癌细胞等;辅助性 T 细胞用于激活 B 细胞。

(5)B 细胞。B 细胞即 B 淋巴细胞,是体内产生抗体的细胞,在消除病原体过程中受到刺激,分泌出抗体结合抗原,其免疫作用要得到 T 辅助细胞的帮助。

2. 生物免疫系统的功能

免疫系统在正常情况下保持机体内环境的稳定,起到保护作用。当发生异常情况时,机体免疫系统将发挥免疫防御、免疫自稳和免疫监视等作用,详述如下:

(1)免疫防御。免疫防御即抗感染免疫,指机体针对外来抗原的保护作用。异常情况可能对抗体产生不良影响;如果响应过强或持续时间过长,那么在清除致病微生物的同时,可能导致组织损伤和功能异常,即产生过敏反应;若响应过低,则可能发生免疫缺陷病。

(2)免疫自稳。免疫自稳具体是指机体免疫系统具有极为复杂而有效的调节网络,实现免疫系统功能的相对稳定。如果免疫自稳发生异常,那么就可能使机体对自体或异体抗原的响应出现紊乱,导致自身产生免疫病。

(3)免疫监视。免疫监视具体是指机体免疫系统识别各种畸变和突变的异常细胞并将其清除的功能。如果该功能失常,就可能导致肿瘤发生或持续感染。

6.5.2　人工免疫模型与免疫算法

生物免疫系统的智能性和复杂性堪与大脑相比,有"第二大脑"之称,从信息处理的观点看,生物免疫系统是一个并行的分布自适应系统,具有多种信息处理机制,它能够识别自己和非己,通过学习、记忆解决识别、优化和分类等问题。人工免疫系统没有统一的模型和算法结构,主要有独特型免疫网络模型、多值免疫网络模型和免疫联想记忆模型,后来又提出了二进制模型及随机模型等。图6-5给出了人工免疫算法的基本结构示意图。就目前的发展状况来看,常见的人工免疫算法主要有反向选择算法、免疫遗传算法、克隆选择算法、基于免疫网络的免疫算法、基于疫苗的免疫算法等。

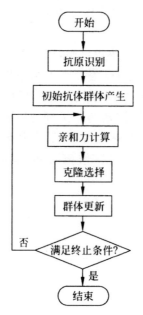

图 6-5　人工免疫算法的基本结构示意图

6.5.3　免疫应答中的学习与优化

在 B 细胞的适应性免疫应答中,通过选择和变化过程提高 B 细胞的亲和力,并进一步分化为浆细胞以产生高亲和力的抗体。克隆选择原理表明,B 细胞亲和力的提高本质上是一个达尔文进化过程,下面我们讨论这一进化过程中的学习和优化机理。

1. 免疫应答中的学习机理

免疫系统中的每个 B 细胞的特性由其表面的受体形状唯一决定。体内 B 细胞的多样性极其巨大,可以达到 $10^7 \sim 10^8$ 数量级。若 B 细胞的受体与抗原结合点的形状可用 L 个参数来描述,则每个 B 细胞可表示为 L 维空间中的一点,整个 B 细胞都分布在这个 L 维空间中,称此空间为形状空间,如图 6-6 所示,抗原在形状空间中用其表位的互补形状来描述。

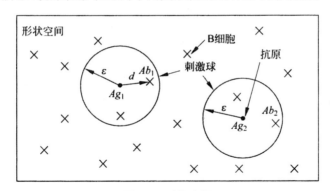

图 6-6　形状空间

利用形状空间的概念可以定量描述 B 细胞、抗体与抗原之间相互作用力的大小。B 细胞与抗原的亲和力可用它们间的距离来定量表达,B 细胞与抗原距离越近,B 细胞受体与抗原表位形状的互补程度越大,二者间的亲和力越高。对于某一侵入机体的抗原(如图 6-6 中的抗原 Ag_1 与 Ag_2),当体内的 B 细胞与它们的亲和力达到某一门限时才能被激活,被激活的 B 细胞大约为 B 细胞总数的 $10^4 \sim 10^5$ 分之一。这些被激活的 B 细胞分布在以抗原为中心,以 ε 为半径的球形区域内,称之为该抗原的刺激球。

根据 B 细胞和抗原的表达方式的不同,形状空间可分为 Euclidean 形状空间和 Hamming 形状空间。假设抗原 Ag_1 与 B 细胞 Ab_1 分别用向量 $(ag_1, ag_2, \cdots, ag_L)$ 和 $(ab_1, ab_2, \cdots, ab_L)$ 描述,若每个分量为实数,则所在的形状空间为 Euclidean 形状空间,抗原与 B 细胞间的亲和力可表示为

$$\text{Affinity}(Ag_1, Ab_1) = \sqrt{\sum_{i=1}^{L}(ab_i - ag_i)^2} \qquad (6\text{-}5\text{-}1)$$

若 B 细胞和抗原的每个分量为二进制数,则所在的形状空间为 Hamming 形状空间,B 细胞和抗原间的亲和力可表示为

$$\text{Affinity}(Ag_1, Ab_1) = \sum_{i=1}^{L}\delta\left(\delta = \begin{cases}1, ab_i \neq ag_i \\ 0, 其他\end{cases}\right) \qquad (6\text{-}5\text{-}2)$$

生物适应性免疫应答中蕴含着学习与记忆原理,这可通过 B 细胞和抗原在形状空间中的相互作用来说明,如图 6-7 所示。对于侵入机体的抗原 Ag_1,其刺激球内的 B 细胞 Ab_1、Ab_2 被活化[见图 6-7(a)]。被活化的 B 细胞进行克隆扩增,产生的子 B 细胞发生变化以寻求亲和力更高的 B 细胞,经过若干代的选择和变化,产生了高亲和性 B 细胞,这些 B 细胞分化为浆细胞以产生抗体消灭抗原[见图 6-7(b)]。当偏差在一个特殊个体的生命周期中发展,免疫学家称为学习。因此,B 细胞通过学习过程来提高其亲和力,这一过程是通过克隆选择原理实现的。抗原 Ag_1 被消灭后,一些高亲和性 B 细胞分化为记忆细胞,长期保存在体内[如图 6-7(c)所示]。当抗原 Ag_1 再次侵入机体时,记忆细胞能够迅速分化为浆细胞,产生高亲和力的抗体来消灭抗原,称之为二次免疫应答。若侵入机体的抗原 Ag_2 与 Ag_1 相似,并且 Ag_2 的刺激球包含由 Ag_1 诱导的记忆细胞,则这些记忆细胞被激活以产生抗体,称这一过程为交叉反应应答[见图 6-7(d)]。由此可见,免疫记忆是一种联想记忆。

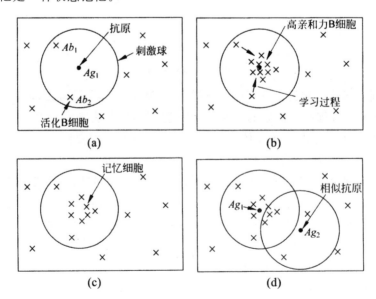

图 6-7　生物适应性免疫应答中蕴含着的学习与记忆原理

2. 免疫应答中的优化机理

根据前文讨论可知,免疫系统通过 B 细胞的学习过程产生高亲和性抗体。从优化的角度来看,寻求高亲和性抗体的过程相当于搜索对于给定抗原的最优解,这主要通过克隆选择原理的选择和变异机制来实现。B 细胞的变异机制除了超突变外,还有受体修饰,即超突变产生的一些亲和力低的或与自身反应的 B 细胞受体被删除并产生新受体。B 细胞群体通过选择、超突变和受体修饰来搜索高亲和力 B 细胞,进而产生抗体消灭抗原。

为便于说明免疫应答中的优化机理,假设 B 细胞受体的形状只需一个参数描述,即形状空间为一维空间。如图 6-8 所示,图中横坐标表示一维形状空间,所有 B 细胞均分布在横坐标上,纵坐标表示形状空间中 B 细胞的亲和力。在初始适应性免疫应答中,如果 B 细胞 A 与抗原的亲和力达到某一门限值而被活化,则该 B 细胞进行克隆扩增。在克隆扩增的同时 B 细胞发生超突变,使得子 B 细胞受体在母细胞的基础上发生变异,这相当于在形状空间中母细胞的附近寻求亲和力更高的 B 细胞。如果找到亲和力更高的 B 细胞,则该 B 细胞又被活化而进行克隆扩增。经过若干世代后,B 细胞向上爬山找到形状空间中局部亲和力最高点 A'。

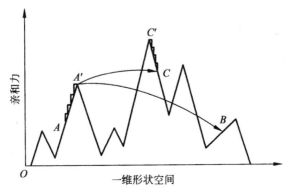

图 6-8　免疫应答中的优化机理

如果 B 细胞只有超突变这一变化机制,那么适应性免疫应答只能获得局部亲和力最高的抗体 A',而不能得到具有全局最高亲和力的抗体 C'。B 细胞的受体修饰可以有效避免以上情况的发生。如图 6-8 所示,受体修饰可以使 B 细胞在形状空间中发生较大的跳跃,在多数情况下产生了亲和力低的 B 细胞(如 B 点),但有时也产生了亲和性更高的 B 细胞(如 C 点)。产生的低亲和力 B 细胞与自身反应的 B 细胞被删除,而产生的高亲和力 B 细胞 C 则被活化而发生克隆扩增。经过若干世代后,B 细胞从 C 点开始,通过超突变找到形状空间中亲和力最高的 B 细胞 C'。B 细胞 C' 进一步分化为浆细胞,产生大量高亲和力的抗体以消灭抗原。

因此,适应性免疫应答中寻求高亲和力抗体是一个优化搜索的过程,其中超突变用于在形状空间的局部进行贪婪搜索,而受体修饰用来脱离或避免搜索过程中陷入形状空间中的局部最高亲和力的点。

6.5.4 克隆选择算法及其实现

克隆选择算法由 De Castro 等于 2002 年提出,该算法考虑了记忆抗体群的维护,与抗原具有最高亲和力抗体的克隆增殖,未受抗原刺激的抗体的凋亡,亲和力成熟机制与再选择,以及多样性的产生与维护等。一般地,克隆选择算法的实现步骤如下:

(1)随机生成初始抗体群。随机生成 m 个初始抗体(或称个体),共同构成初始抗体群。

(2)抗原递呈。从待识别的抗原群中随机地选择一个抗原,并将其递呈给初始抗体群中的所有抗体。对于最优化问题,该算法将目标函数作为抗原,将每个抗体的目标函数值定义为该抗体的抗原亲和力或适配值,而每个抗体则对应于目标函数满足约束条件的一个可行解。进一步地,初始记忆抗体群被设定为初始抗体群。

(3)计算抗原与抗体亲和力。计算抗体群中每个抗体与给定抗原之间的亲和力,并将其作为该抗体的适配值,以表达此抗体对抗原的识别程度或匹配程度。

(4)生成精英抗体群。在抗体群中选择 n 个与抗原具有最高亲和力的抗体($n<m$),构建一个新的具有最高抗原亲和力的精英抗体群。

(5)克隆选择与扩增。对上述精英抗体群中的每个抗体,按照其抗原亲和力的大小成正比地进行克隆,以产生另一个克隆抗体群。此时,亲和力越高,产生的克隆个数就越多。

(6)高频变异。该克隆抗体群在克隆过程中将发生随机点变异,且变异概率与其抗原亲和力成反比,即克隆抗体群中与抗原亲和力越高的克隆抗体,其发生变异的概率也越低。如此将产生一个变异克隆抗体群。

(7)重新计算抗原与抗体亲和力。对上述变异克隆抗体群中的每个克隆抗体,重新计算其与给定抗原的亲和力。

(8)记忆抗体群更新。从变异克隆抗体群中重新选择 n 个与抗原具有最高亲和力的克隆抗体,构建一个新的具有最高抗原亲和力的精英变异克隆抗体群,并将其作为更新记忆抗体群的候选。如果在记忆抗体群中存在亲和力更低的抗体,则代之以此处的精英变异克隆抗体。

(9)受体编辑。随机生成 d 个全新的抗体,替换此时抗体群中 d 个具有最低亲和力的抗体,以模拟生物免疫系统中的受体编辑过程,增加抗体群的多样性。如此一来,算法即产生了下一代的抗体群或记忆抗体群。

(10)重复第(3)步到第(9)步,直到满足停止条件。这里的停止条件为最大迭代次数或抗体群的平均抗原亲和力或平均适配值达到一个稳定值。

综上所述,克隆选择算法体现了一种再励学习策略,通常被应用于机器学习、模式识别与最优化问题中。

6.6　分布估计算法

近年来,在进化计算领域提出了一类新型的优化算法,称为分布估计算法(EDA),作为一种新型的进化算法,分布估计算法的价值主要可以归纳为三个方面。首先,从生物进化的数学模型上来看,分布估计算法与传统进化算法不同,它是基于对整个群体建立数学模型,直接描述整个群体的进化趋势,是对生物进化"宏观"层面上的数学建模。其次,分布估计算法给人类解决复杂的优化问题提供了新的工具,它通过概率模型可以描述变量之间的相互关系,从而使它对解决非线性和变量耦合的优化问题更加有效。最后,分布估计算法是一种新的启发式搜索策略,是统计学习理论与随机优化算法的结合,将它与其他智能优化算法相结合,将极大地丰富了混合优化算法的研究内容,给优化问题的研究提供了新的思路。

6.6.1　一个简单的分布估计算法

这里首先通过一个简单的 EDA 实例简单介绍分布估计算法独特的进化操作。假设用分布估计算法求函数 $f(x) = \sum_{i=1}^{n} x_i$ 的最大值,其中,$x \in \{0,1\}^n, n=3$。在这个例子中,描述解空间的概率模型使用简单的概率向量 $\boldsymbol{p} = (p_1, p_2, \cdots, p_n)$,$\boldsymbol{p}$ 表示群体的概率分布,$p_i \in [0,1]$ 表示基因位置 i 取 1 的概率,$1-p_i$ 表示基因位置 i 取 0 的概率。接下来,我们分如下 3 步来处理该问题:

(1)初始化群体 B_0。初始群体在解空间按照均匀分布随机产生,概率向量 $\boldsymbol{p} = (0.5, 0.5, 0.5)$。群体大小为 8,通过适应值函数 $f(x) = \sum_{i=1}^{n} x_i$ 计算各个个体的适应值,均匀分布在解空间内随机产生得到的初始群体 B_0 如

表6-3所示。

表6-3 按照均匀分布在解空间内随机产生得到的初始群体 B_0

个体	x_1	x_2	x_3	f	个体	x_1	x_2	x_3	f
1	0	0	1	1	5	0	1	0	1
2	1	1	0	2	6	1	0	0	1
3	0	0	0	0	7	1	0	1	2
4	0	1	1	2	8	1	1	1	3

（2）更新概率向量 $\boldsymbol{p}$。从 B_0 中选择适应值较高的4个个体组成优势群体 X_S，如表6-4所示。概率向量 $\boldsymbol{p}$ 通过式 $p_i = P(x_i = 1 | X_S)$ 进行更新，如 $p_1 = P(x_1 = 1 | X_S) = 0.75$，这样得到更新后的概率向量 $\boldsymbol{p} = (0.75, 0.75, 0.75)$。

表6-4 选择操作后的优势群体 X_S

个体	x_1	x_2	x_3	f	个体	x_1	x_2	x_3	f
2	1	1	0	2	7	1	0	1	2
4	0	1	1	2	8	1	1	1	3

（3）由概率向量 $\boldsymbol{p}$ 产生新一代群体。概率向量描述了各个可能解在空间的分布情况，产生任意解 $\boldsymbol{b} = (b_1, b_2, \cdots, b_n)$ 的概率是

$$p(\boldsymbol{b}) = p(x_1 = b_1, x_2 = b_2, \cdots, x_n = b_n)$$

$$= \prod_{i=1}^{n} p(x_i = b_i) = \prod_{i=1}^{n} |1 - b_i - p_i|。$$

例如，$\boldsymbol{b} = (1, 1, 0)$，则 $p(1, 1, 0) = 0.75 \times 0.75 \times 0.25 = 0.14$。可以通过采样的方法随机产生新的群体，如表6-5所示，可以发现新产生的群体中个体适应值有了显著的提高。

表6-5 经过一代EDA操作之后产生的新群体

个体	x_1	x_2	x_3	f	个体	x_1	x_2	x_3	f
1	1	1	1	3	5	1	1	0	2
2	1	1	0	2	6	1	0	1	2
3	1	1	0	2	7	1	1	1	3
4	0	1	1	2	8	1	0	0	1

至此，分布估计算法完成了一个循环周期。然后返回第二步，从表6-5当

前群体中选择最优秀的 4 个个体,建立新的概率模型 $p=(1.00,0.75,0.75)$,然后再对概率模型随机采样产生新一代群体。本例中,最优解为 $(1,1,1)$,可以发现随着分布估计算法的进行,$(1,1,1)$ 的概率由最初的 $0.075\times(0.5\times0.5\times0.5)$ 变 为 $0.42\times(0.75\times0.75\times0.75)$,然 后 为 $0.56\times(1.00\times0.75\times0.75)$,适应值高的个体的出现概率越来越大。按照上面的步骤,改变个体在解空间的概率分布,使适应值高的个体分布概率变大,适应值低的个体分布概率变小,如此反复进化,最终将产生问题的最优解。

通过上述简单例子,可以了解分布估计算法的基本过程。如图 6-9 所示,归纳了一般分布估计算法的过程,并与遗传算法进行了对比。在分布估计算法中,没有遗传算法中的交叉和变异等操作,而是通过学习概率模型和采样操作使群体的分布朝着优秀个体的方向进化。从生物进化角度看,遗传算法模拟了个体之间微观的变化,而分布估计算法则是对生物群体整体分布的建模和模拟。

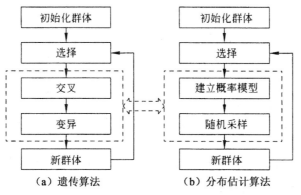

图 6-9　分布估计算法和遗传算法的对比

6.6.2　基于不同概率模型的分布估计算法

分布估计算法是一种基于概率模型的进化算法,它可以用概率模型描述变量之间的相互关系,因此可以解决传统遗传算法难以解决的问题,特别是对于那些具有复杂联结结构的高维问题,表现出了很好的性能。根据优化问题的复杂性,人们设计了很多种不同的概率模型表示变量之间的关系,下面分别讨论变量无关、双变量相关和多变量相关 3 种情况下的分布估计算法。

1. 变量无关的分布估计算法

在 EDA 领域的研究中,最简单的情况是变量之间无关。在这种情况下，一般可以通过一个简单的概率向量表示解的分布。设定待解决问题为 n 维问题，每个变量均为二进制表示。变量无关性使得任意解的概率可表示为 $p(x_1, x_2, \cdots, x_n) = \prod_{i=1}^{n} p(x_i)$。EDA 领域最早的算法就是针对变量无关问题而提出的，比较有代表性的算法包括 PBIL 算法和 cGA 算法等。

PBIL 算法是用来解决二进制编码的优化，它被公认为是分布估计算法的最早模型。在 PBIL 算法中，表示解空间分布的概率模型是一个概率向量 $\boldsymbol{p}(\boldsymbol{x}) = (p(x_1), p(x_2), \cdots, p(x_n))$，其中 $p(x_i)$ 表示第 i 个基因位置上取值为 1 的概率。PBIL 算法的过程如下：在每一代中，通过概率向量 $\boldsymbol{p}(\boldsymbol{x})$ 随机产生 M 个个体，然后计算 M 个个体的适应值，并选择最优的 N 个个体用来更新概率向量 $\boldsymbol{p}(\boldsymbol{x})$，$N \leqslant M$。更新概率向量的规则，采用了机器学习中的 Heb 规则，即若用 $\boldsymbol{p}_l(\boldsymbol{x})$ 表示第 l 代的概率向量，$\boldsymbol{x}^1, \boldsymbol{x}^2, \cdots, \boldsymbol{x}^N$ 表示第 l 代选择的 N 个个体，则更新过程为 $p_{l+1}(x_i) = (1-\alpha)p_l(x_i) + \alpha \frac{1}{N} \sum_{k=1}^{N} x_i^k (i = 1, 2, \cdots, n)$，式中：$\alpha$ 表示学习速率。

cGA 算法与 PBIL 算法的不同之处不仅在于概率模型的更新算法，而且 cGA 算法的群体规模很小，只需要很小的存储空间。cGA 算法中，每次仅由概率向量随机产生两个个体，然后两个个体进行比较，按照一定的策略对概率向量更新。具体的算法步骤如下：

(1) 初始化概率向量 $\boldsymbol{p}_0(\boldsymbol{x}) = (p_0(x_1), p_0(x_2), \cdots, p_0(x_n)) = (0.5, 0.5, \cdots, 0.5)$，$l=0$。

(2) 按概率向量 $\boldsymbol{p}_l(\boldsymbol{x})$ 进行随机采样，产生两个个体，并计算它们的适应值，较优秀的个体写作 $\boldsymbol{x}^{l_1}$，较差的个体记为 $\boldsymbol{x}^{l_2}$。

(3) 更新概率向量 $\boldsymbol{p}_l(\boldsymbol{x})$ 使其朝着 $\boldsymbol{x}^{l_1}$ 的方向改变。对概率向量中的每一个值，如果 $x_i^{l_1} \neq x_i^{l_2}$，按照下面策略进行更新：取 $\alpha \in (0, 1)$，一般取作 $\alpha = \frac{1}{2}K$，K 为正整数。如果 $x_i^{l_1} = 1$，则 $p_{l+1}(x_i) = p_l(x_i) + \alpha$；如果 $x_i^{l_1} = 0$，则 $p_{l+1}(x_i) = p_l(x_i) - \alpha$。

(4) $l \leftarrow l+1$，检测概率向量 $\boldsymbol{p}_l(\boldsymbol{x})$，对任意 $i \in \{1, 2, \cdots, n\}$，如果 $p_l(x_i) > 1$，则 $p_l(x_i) = 1$；如果 $p_l(x_i) < 0$，则 $p_l(x_i) = 0$。

(5) 如果 $\boldsymbol{p}_l(\boldsymbol{x})$ 中，对任意 $i \in \{1, 2, \cdots, n\}$，$p_l(x_i) = 1$ 或 0，则算法终止，$\boldsymbol{p}_l(\boldsymbol{x})$ 就是最终解；否则转到 (2)。

cGA 实现更加简单，是一种适合于硬件实现的分布估计算法。

2. 双变量相关的分布估计算法

PBIL 和 cGA 算法没有考虑变量之间的相互关系，算法中任意解向量的联合概率密度可以通过各个独立分量的单个概率密度相乘得到。而在实际问题中,变量并不是完全独立的,在分布估计算法研究领域,最先考虑变量相关性的算法是假设最多有两个变量相关。这类算法比较有代表性的是MIMIC 算法和 COMIT 算法等。在这类分布估计算法中,概率模型可以表示至多两个变量之间的关系。

MIMIC 算法是一种启发式算法,该算法假设变量之间的相互关系是一种链式关系,结构如图 6-10 所示,描述解空间的概率模型写作

$$p_l^{\pi}(\boldsymbol{x}) = p_l(x_{i_1} \mid x_{i_2}) p_l(x_{i_2} \mid x_{i_3}) p_l(x_{i_3} \mid x_{i_4}) \cdots p_l(x_{i_{n-1}} \mid x_{i_n}) p_l(x_{i_n}) 。$$

式中:$\pi = (i_1, i_2, \cdots, i_n)$ 表示变量 $(x_1, x_2, \cdots, x_n)$ 的一种排列,$p_l(x_{i_j} \mid x_{i_{j+1}})$ 表示第 i_{j+1} 个变量取值为 $x_{i_{j+1}}$ 的条件下第 i_j 个变量取值为 x_{i_j} 的条件概率。在 MIMIC 算法中构建概率模型时,期望得到最优的排列,使得 p_l^{π} 与试验中得到的每代的优势群体的概率分布 $\boldsymbol{p}_l(\boldsymbol{x})$ 最接近。

图 6-10　MIMIC 算法中双变量相关的链式结构的概率图模型

衡量两个概率分布之间的距离,可以采用 K-L 距离,定义为

$$H_l^{\pi}(x) = h_l(X_{i_n}) + \sum_{j=1}^{n-1} h_l(X_{i_j} \mid X_{i_{j+1}}) ,$$

其中,$h(X) = -\sum_x p(X = x) \lg p(X = x)$,$h(X \mid Y) = -\sum_y p(X \mid Y = y) p(Y = y)$,$h(X \mid Y = y) = -\sum_x p(X = x \mid Y = y) \lg p(X = x \mid Y = y)$。MIMIC 算法在每一代中要根据选择后的优势群体构造最优的概率图模型 $p_l^{\pi}(\boldsymbol{x})$,也就是搜索最优的排列 π^* 使 K-L 距离 $H_l^{\pi}(\boldsymbol{x})$ 最小化。为了避免穷举所有 $n!$ 个可能排列,有学者提出了一种贪心算法来搜索变量的近似最优排列,限于本书篇幅,这里不再赘述。

在 MIMIC 算法中,每一次循环都要根据选择的优势群体构造概率模型 p_l^{π},然后由 p_l^{π} 采样产生新的群体。由于模型的复杂化,采样方法与变量无关的分布估计算法不同。其基本思想是按照 π^* 的逆序,对第 i_n, i_{n-1}, $i_{n-2}, \cdots, i_1$ 依次采样,构造一个完整的解向量。描述如下:

(1)$j = n$,根据第 i_j 个变量的概率分布 $p_l(x_{i_j})$,随机采样产生第 i_j 个变量。

(2)根据第 i_{j-1} 个变量的条件概率分布 $p_l(x_{i_{j-1}} \mid x_{i_j})$,随机采样产生第 i_{j-1} 个变量。

(3)$j \leftarrow j-1$,如果 $j=1$,则一个完整的解向量构造完成;否则转到(2)。

COMIT 算法与 MIMIC 算法的最大不同之处在于 COMIT 的概率模

型是树状结构,如图 6-11 所示。首先随机产生一个初始的群体,从中选择比较优秀的个体集作为构造概率模型的样本集,概率模型的构造方法采用机器学习领域中的 Chow 和 Liu 提出的方法,然后按照 MIMIC 介绍的采样方法对概率树由上到下遍历,反复采样构造新的种群。

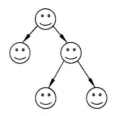

图 6-11　COMIT 算法中树状结构的概率图模型

3. 多变量相关的分布估计算法

近年来研究更多的是多变量相关的分布估计算法。在这种算法中,变量之间的关系更加复杂,需要更加复杂的概率模型来描述问题的解空间,因此需要更加复杂的学习算法来构造相应的概率模型。这类算法中,比较有代表性的是 FDA 算法、ECGA 算法和贝叶斯优化算法(或简称 BOA 算法)等。

FDA 算法可以解决多变量耦合的优化问题,它用一个同定结构的概率图模型表示变量之间的关系,这里的概率图模型也就是后面所说的贝叶斯网络。贝叶斯网络包括网络拓扑结构和网络概率参数两部分。贝叶斯网络拓扑结构由一个有向无环图表示,结点对应变量,结点之间的边表示条件依赖关系。网络概率参数由一组条件概率表示,表示父结点取某值条件下子结点的取值概率。相对应地,贝叶斯网络学习也可分为结构学习和参数学习两部分。FDA 算法是针对变量联结关系已知的情况,它相当于贝叶斯网络拓扑结构是已知的,因此进化过程中仅需要对网络概率参数进行学习,即根据当前群体更新概率模型的参数。这种算法的不足在于需要事先给出变量之间的关系。对于数学形式已知的优化问题,可以预先得到描述变量关系的概率图结构,然后采用 FDA 算法,反复进行参数学习和随机采样,对问题进行求解。但是对于很多数学形式复杂或者黑箱的优化问题,则不能直接采用 FDA 算法进行求解。

ECGA 算法是 cGA 的扩展,在该算法中,将变量分成若干组,每一组变量都与其他组变量无关。如果用 $P(S_i)$ 表示第 i 组变量的联合概率分布,由于任何两组变量之间无关,那么所有变量的联合概率分布可以表示为

$P(X) = \prod_{i=1}^{k} P(S_i)$,其中 k 表示变量的分组数,并且 $\bigcup_{i=1}^{k} S_i = X$,$X$ 是所有变

量组成的集合，$\forall i, j \in \{1, 2, \cdots, k\}, i \neq j, S_i \bigcap S_j = 0$。这种算法对于解决变量组之间"无交叠"的问题很有效，但是对于变量组有交叠的问题则性能较差。

贝叶斯优化算法由选择后的优势群体作为样本集构造贝叶斯网络，然后对贝叶斯模型采样产生新一代群体，反复进行。贝叶斯网络是一个有向无环图，可以表示随机变量之间的相互关系。通过贝叶斯网络可以求得联合概率密度 $p(\boldsymbol{X}) = \prod\limits_{i=1}^{n} p(X_i | \Pi_{X_i})$，其中 $\boldsymbol{X} = (X_1, X_2, \cdots, X_n)$ 表示问题的一个解向量，Π_{X_i} 表示贝叶斯网络中 X_i 的父结点集合，$p(X_i | \Pi_{X_i})$ 表示给定 X_i 父结点的条件下 X_i 的概率。贝叶斯优化算法可以简单描述如下：

（1）随机产生初始群体 $P(0)$，$t = 0$。

（2）计算 $P(t)$ 中各个个体的适应值，并选择优势群体 $S(t)$。

（3）由 $S(t)$ 作为样本集构造贝叶斯网络 B。

（4）贝叶斯网络可以表示解的概率分布，对贝叶斯网络反复采样产生新的个体，部分或者全部替换 $P(t)$，生成新的群体 $P(t+1)$。

（5）$t \leftarrow t+1$，如果终止条件不满足，转到（2）；否则算法结束。

贝叶斯优化算法中最重要的是学习算法和采样算法。贝叶斯网络的学习，包括结构的学习和参数的学习。结构的学习是指学习网络的拓扑结构，参数的学习是指给定拓扑结构后学习网络中各个结点的条件分布概率。贝叶斯网络的结构学习是一个 NP 问题，在统计学习领域有广泛深入的研究，有些文献采用的是贪心算法，时间复杂度为 $O(n^2 N + n^3)$，其中 n 是问题维数，N 是样本个数。贝叶斯网络的采样，按照从父结点到子结点的顺序依次随机生成，时间复杂度为 $O(n)$。

第 7 章　复合智能控制及智能控制和智能优化的融合

自动控制及其系统的绚丽多彩不仅体现在各种控制系统所具有的优良性能上,而且也表现在各种控制系统及控制方法的巧妙结合(或称为复合、组合、混合、集成)上。另外,智能控制的对象往往具有非线性、时变性、不确定性等复杂特性。为了提高智能控制的性能,在控制过程中智能控制器的控制参数乃至结构参数,应该根据被控动态特性的需要不断自适应地调整。因此,智能控制系统不仅要有好的控制策略,或称控制规律、控制算法,还必须包括必要的智能优化算法,用以在控制过程中实时地优化必要的控制参数。本章我们就对复合智能控制及智能控制和智能优化的融合展开讨论,内容主要包括模糊控制与神经网络的结合、专家模糊复合控制器、自学习模糊神经控制系统、进化模糊复合控制器、基于免疫克隆优化的模糊神经控制器等。

7.1　复合智能控制概述

单一控制器往往无法满足一些复杂、未知或动态系统的控制要求,就需要开发某些复合的控制方法来满足现实问题提出的控制要求。复合或混合控制并非新的思想,在出现和应用智能控制之前,就存在各种复合控制,如最优控制与 PID 控制组成的复合控制、自适应控制与开关控制组成的复合控制等。严格地说,PID 也是一种复合控制,一种复合了比例、积分和微分三种控制的复合控制。

智能控制的控制对象与控制目标往往与传统控制大不相同。智能控制就是力图解决传统控制无法解决的问题而出现的。复合智能控制只有在出现和应用智能控制之后才成为可能。所谓复合智能控制,指的是智能控制手段(方法)与经典控制和(或)现代控制手段的集成,还指不同智能控制手段的集成。由此可见,复合智能控制包含十分广泛的领域,用"丰富多彩"来形容一点也不过分。例如,智能控制＋开关控制、智能控制＋经典 PID 反馈控制、智能控制＋现代控制、一种智能控制＋另一种智能控制等。就"一种智能控制＋另一种智能控制"而言,就有很多集成方案,如模糊神经控制、神经专家控制、进化神经控制、神经学习控制、递阶专家控制和免疫神经控制等。仿人控制综合了递阶控制、专家控制和基于模型控制的特点,也可把它看作一种复合控制。仅模糊控制与其他智能控制(简称模糊智能复合控制)构成的复合控制就包括模糊神经控制、模糊专家控制、模糊进化控制和模糊学习控制等。如图 7-1 所示,是一个进化模糊控制系统的原理示意图。

　　例如,神经专家控制(或称为神经网络专家控制)系统就是充分利用神经网络和专家系统各自的长处和避免各自的短处而建立起来的一种复合智能控制。专家系统往往采用产生式规则表示专家知识和经验,比较局限;如果采用神经网络作为专家系统的一种新的知识表示和知识推理的方法,就出现了神经网络专家控制系统。神经网络专家控制系统与传统专家控制系统相比,两者的结构和功能都是一致的,都有知识库、推理机、解释器等,只是其控制策略和控制方式完全不同而已。基于符号的专家系统的知识表示是显式的,而基于神经网络的专家系统的符号表示是隐式的。这种复合专家控制系统的知识库是分布在大量神经元及其连接权上的;神经网络通过训练进行学习的功能也为专家系统的知识获取提供了更强的能力和更大的方便,其知识获取方法不仅简便,而且十分有效。

　　复合智能控制在相当长的一段时间成为智能控制研究与发展的一种趋势,各种复合智能控制方案如雨后春笋一样纷纷面世,其中,也的确不乏好方案和好示例。不过值得指出,并不是任何智能控制手段都可以两两或多元组合成为一种成功的复合控制方案。复合能否成功,不仅取决于结合前各方的同有特性和结合后"取长补短"或"优势互补"的效果,而且也需要经受实际应用的检验。实践是检验各种复合智能控制是否成功的唯一标准,是不以人的主观愿望为转移的。

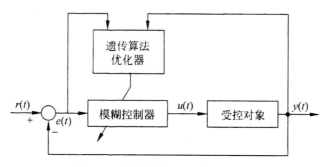

图 7-1　进化模糊控制系统原理框图

7.2 模糊控制与神经网络的结合

模糊控制系统与神经网络的共同特点,就是它们在处理和解决问题时,不需要对象的精确数学模型。应用人工神经网络方法,通过数值运算的形式实现对结构性语言经验的综合推理;而利用单层前向网络输入、输出积空间的聚类方法,则能够直接从原始的工作数据中归纳出若干条规则,并最后以语言的方式表示出来。另外,由于神经网络的自学习特点,在模糊系统的规则形成部分采用神经网络,还可得到一类新颖的自适应模糊系统——基于神经网络的自适应模糊系统。目前,神经元网络与模糊技术的结合方式,大致有如下 3 类:

(1)神经元、模糊模型。该模型以模糊控制为主体,应用神经元网络,实现模糊控制的决策过程,以模糊控制方法为"样本",对神经网络进行离线训练学习。"样本"就是学习的"教师"。所有样本学习完以后,这个神经元网络,就是一个聪明、灵活的模糊规则表,具有自学习、自适应功能,如图 7-2 所示。

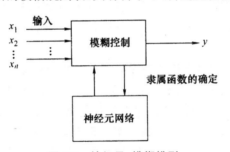

图 7-2 神经元、模糊模型

(2)模糊、神经模型。该模型以神经网络为主体,将输入空间分割成若干不同形式的模糊推论组合,对系统先进行模糊逻辑判断,以模糊控制器输出作为神经元网络的输入。后者具有自学习的智能控制特性,如图 7-3 所示。

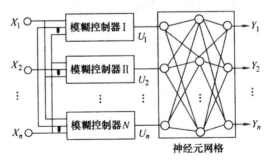

图 7-3 模糊、神经模型

（3）神经与模糊模型。该模型根据输入量的不同性质分别由神经元网络与模糊控制直接处理输入信息，并作用于控制对象，更能发挥各自的控制特点，如图 7-4 所示。

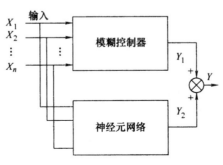

图 7-4　神经与模糊模型

（4）从结构上将模糊技术与神经网络融为一体，构成模糊神经网络，使该网络同时具备模糊控制的定性知识表达和神经网络的自学习能力。

7.3　专家模糊复合控制器

专家模糊复合控制综合了专家系统技术和模糊逻辑推理的功能，是又一种复合智能控制方案。

7.3.1　专家模糊控制系统的结构

专家模糊控制系统的结构具有不同的形式，但其控制器的主要组成部分是一样的，即专家控制器和模糊控制器。接下来我们讨论两个专家模糊控制系统结构的具体实例。

1. 船舰驾驶用专家模糊复合控制器的结构

如图 7-5 所示，给出了船舰驾驶所用的控制器和控制系统的结构示意图。该专家模糊控制系统为一多输入、多输出控制系统，受控对象船舰的输入参量为行驶速度 u 和舵角 δ，输出参量为相对于固定轴的航向 ψ 和船舰在 xy 平面上的位置。从图 7-5 可见，本复合控制器由两层递阶结构组成，下层模糊控制器探求航向 ψ 与由上层专家控制器指定的期望给定航向 ψ_r 匹配，模糊控制器的规则采用误差 $e=(\psi-\psi_r)$ 及其微分来选择适应的输入舵角 δ。例如，模糊控制器的规则将指出：如果误差较小又呈减少趋势，那么输入舵角应当大体上保持不变,因为船舰正在移动以校正期望航向与实际航向间的误差。另一方面,如果误差较小但其微分(变化率)较大,那么就需要对舵角进行校正以防止偏离期望路线。

专家控制器由船舰航向 ψ、船舰在 xy 平面上的当前位置和目标位置(给定输入)来确定以什么速度运行以及对模糊控制器规定给定航向。

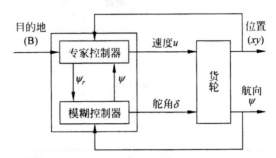

图 7-5　船舰驾驶用专家模糊复合控制器的结构

2. 具有辨识能力的专家模糊控制系统的结构

如图 7-6 所示,给出一个具有辨识能力的基于模糊控制器的专家模糊控制系统的结构图。图中专家控制器(EC)模块与模糊控制器(FC)集成,形成专家模糊控制系统。

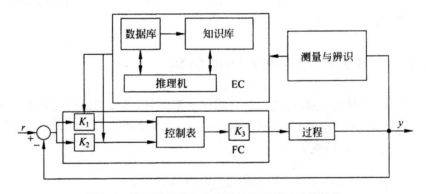

图 7-6　具有辨识能力的专家模糊控制系统的结构

在控制系统运行过程中,受控对象(过程)的动态输出性能由性能辨识模块连续监控,并把处理过的参数送至专家控制器。根据知识库内系统动态特性的当前已知知识,专家控制器进行推理与决策,修改模糊控制器的系数 K_1、K_2、K_3 和控制表的参数,直至获得满意的动态控制特性为止。

7.3.2　专家模糊控制系统实例

接下来进一步讨论图 7-5 所示的船舰驾驶用专家模糊复合控制系统。首先解释船舰驾驶需要的智能控制问题,讨论所提出的智能控制器的作用原理;然后提供仿真结果以说明控制系统的性能;最后突出一些闭环控制系统评价中需要检查的问题。这里所关注的不是控制方法和设计问题本身,而在于提供一个能够阐明前述基本理论的具体的科学实例。

1. 船舰驾驶中的控制问题

假定有人想开发一个智能控制器,用于驾驶货轮往返于一些岛屿之间而无须人的干预,即实现自主驾驶。特别假定轮船按照图 7-7 所示的地图运行,轮船的初始位置由点 A 给出,终点位置为点 B,虚线表示两点间的首选路径,阴影区域表示 3 个已知岛屿。如前所述,本受控对象船舰的输入参量为行驶速度 u 和舵角 δ,输出参量为相对于同定轴的航向 ψ 和轮船在图 7-7 所示的 xy 平面上的位置,即假定该船具有能够提供对其当前位置精确指示的导航装置。

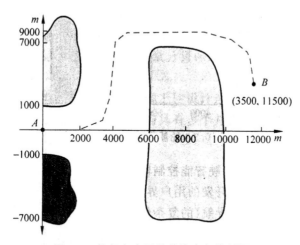

图 7-7　轮船自主导航的海岛与海域图

本专家控制器对支配推理过程的规则具有优先权等级,它以岛屿的位置为基础,选择航向和速度,以使船舰能够以人类专家可能采用的路线在岛屿间适当地航行。本专家控制器仅应用 10 条规则来表征船长驾驶船舰通过这些具体岛屿的经验。一般地,这些规则说明下列这些需要:船舰转弯减速、直道加速和产生使船舰跟踪图 7-7 所示航线的给定输入。当船舰开始

处于位置 A 而且接收到期望位置 B 的信号时,有一个航线优化器提供所期望的航迹,即图 7-7 中虚线所示的航线。

这里提出的基于知识的 2 层递阶控制器是 3 层智能控制器的特例,也可以把第 3 层加入本控制器以实现其他功能。这些功能如下:

(1)对船长、船员和维护人员的友好界面。

(2)可能用于改变驾驶目标的基于海况气象信息的界面。

(3)送货路线的高层调度。

(4)借助对以往航程的性能评估能够使系统性能与时俱增的学习能力。

(5)用于故障检测和辨识(如辨识某个发生故障的传感器或废件),使燃料消耗或航行时间为最小的其他更先进的子系统等。

新增子系统所实现的功能将提高控制系统的自主水平。通过指定参考航行轨迹,由上层专家控制器来规定下层模糊控制器将做些什么;高层的专家控制器仅关注系统反应较慢的问题,因为它只在很短时间内调节船舰速度,而低层的模糊控制器则经常地更新其控制输入舵角 δ。

2. 系统仿真结果及其评价

使用专家模糊复合控制器对货轮驾驶进行的仿真结果如图 7-8 所示。仿真结果表明,对专家模糊控制器使用一类启发信息,能够成功地驾驶货轮从起始点到达目的地。下面将讨论本智能控制系统性能的评价问题。

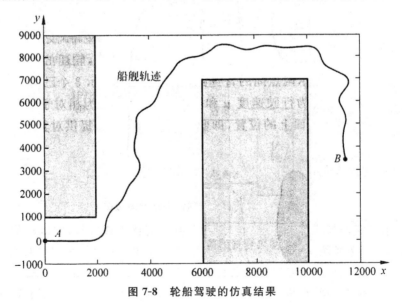

图 7-8 轮船驾驶的仿真结果

十分明显,技术对实现货轮驾驶智能控制器将产生重要影响。在考虑实现问题时,将会出现诸如复杂性和为船长和船员开发的用户界面一类值得关注的问题,例如,如果船舰必须对海洋中的所有可能的岛屿进行导航(复杂性)以及用户界面需要涉及人的因素等问题。此外,当出现轻微的摆动运动(如图 7-8 所示)时,船舰穿行该航迹可能导致不必要的燃料消耗,这时,重新设计就显得十分重要。实际上,如何修改规则库以提高系统性能是比较清楚的,这涉及如下问题:

(1)何时将有足够的规则。

(2)增加了新规则后系统是否仍稳定。

(3)扰动(风、波浪和船舰负荷等)的影响是什么。

(4)为了减少这些扰动的影响是否需要自适应控制技术。

非常清楚,保证对智能控制系统的性能更广泛和更仔细的工程评价和再设计是必要的。研究如何引入更先进的功能以期达到更高的自主驾驶水平,将是自主驾驶的一个富有潜力的研究方向。

7.4　自学习模糊神经控制系统

学习控制系统通过与环境的交互作用,具有改善系统动态特性的能力。学习控制系统的设计应保证其学习控制器具有改善闭环系统特性的能力;该系统为受控装置提供指令输入,并从该装置得到反馈信息。因此,学习控制系统,包括模糊学习控制系统、基于神经网络的学习控制系统以及自学习模糊神经控制系统,近年来已在实时工业领域获得了一些应用。

7.4.1　自学习模糊神经控制模型

如图 7-9 所示,给出一个用于含有不确定性过程的自学习模糊神经控制系统的原理图。在图 7-9 中,模糊控制器 FC 把调节偏差 $e(t)$ 映射为控制作用 $u(t)$。过程的输出信号 $y(t)$ 测量传感器检测,基于神经网络的过程模型由 PMN 网络表示。过程输出和传感器输出用同一 $y(t)$ 表示(略去两者之间的转换系数)。接下来,我们进一步分析 FC 和 PMN 模型。

模糊控制器 FC 可由解析公式(而不是通常的模糊规则表)描述为

$$U(t)=\sigma[a(t)b(t)E(t)+(1-a(t)b(t))EC(t)+(1-b(t))ER(t)]$$

$$(7\text{-}4\text{-}1)$$

式中:$\sigma=\pm1$ 与受控过程特性或模糊规则有关;例如,$\sigma=1$ 对应于 $u\infty e,ec$,而 $\sigma=-1$ 对应于 $u\infty-e,-ec$;U、E、EC 和 ER 表示与精确变量相对应的

模糊变量,这些精确变量分别为控制作用 $u(t)$,误差 $e(t)$,误差变化

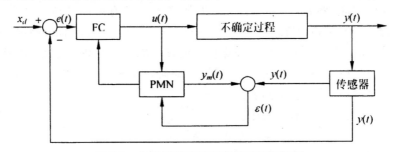

图 7-9　自学习模糊神经控制系统原理图

以及加速度误差:

$$ec(t)=e(t)-e(t-1)$$

$$er(t)=ec(t)-ec(t-1)$$

$$a(t)\in[0,1],b(t)\in[0,1]$$

模糊变量及其对应的精确变量对它们论域的转换系数不同。与一般方法不同的是,这里所考虑的全部论域均为连续的。

　　用于不确定过程的 PMN 模型和测量传感器可由图 7-10 所示的四层反向传播网络来实现。该模型的映射关系为

$$y_{\mathrm{m}}(t+1)=f_{\mathrm{m}}(u(t),u(t-1),\cdots,u(t-m);y_{\mathrm{m}}(t),\cdots,y_{\mathrm{m}}(t-n))。$$

$$(7-4-2)$$

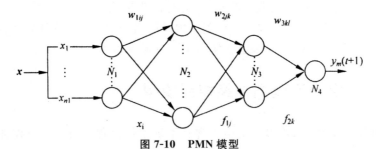

图 7-10　PMN 模型

定义

$$\boldsymbol{x}^{\mathrm{T}}=(x_1,\cdots,x_{n1})^{\mathrm{T}}=(u(t),u(t-1),\cdots,u(t-m);y_{\mathrm{m}}(t),\cdots,y_{\mathrm{m}}(t-n))^{\mathrm{T}},$$

式中:m 和 n 表示不确定系统的级别,并可由系统经验粗略估计。PMN 的网络函数可描述为

$$f_{1j}=\cfrac{1}{1+\mathrm{e}^{-(\sum\limits_{i=1}^{N_1}w_{1ij}x_i+q_{1j})}}\quad(j=1,\cdots,N_2)\qquad(7-4-3)$$

$$f_{2k}=\cfrac{1}{1+\mathrm{e}^{-(\sum\limits_{j=1}^{N_2}w_{2jk}f_{1j}+q_{2k})}}\quad(k=1,\cdots,N_3)\qquad(7-4-4)$$

$$y_m(t+1) = \cfrac{1}{1 + e^{-\left(\sum\limits_{k=1}^{N_3} W_{3kl} f_{2k} + q_{3l}\right)}} = f_m(f_k(f_{1j}(x))) \tag{7-4-5}$$

7.4.2　自学习模糊神经控制算法

模糊控制器 FC 和神经网络模型 PMN 的学习算法如下：

(1)控制误差指标。即

$$J_e = \sum_{t=1}^{N} \frac{x_d - y(t+1)}{2} \tag{7-4-6}$$

(2)模型误差指标。即

$$J_e = \sum_{t=1}^{N} \frac{\varepsilon^2(t+1)}{2} = \sum_{t=1}^{N} \frac{\left[y(t+1) - y_m(t+1)\right]^2}{2} \tag{7-4-7}$$

(3)PMN 模型学习算法。可用离线学习算法和在线学习算法来修改 PMN 网络的参数。PMN 的初始权值可由采样数据对 $\{u(t), y(t+1)\}$ 得到。PMN 离线学习结果可用作实际不确定受控过程的参考模型。应用在线学习算法,PMN 的网络权可由指标式(7-4-7)和误差梯度下降原理来修正,即

$$\begin{cases} \Delta W(t) \propto -\cfrac{\partial J_\varepsilon}{\partial W(t)} \\ W(t+1) = W(t) + \Delta W(t) \end{cases} \tag{7-4-8}$$

定义

$$v_3(t) = (y(t) - y_m(t))(1 - y_m(t))y_m(t)$$

$$v_{2k}(t) = f_{2k}(t)(1 - f_{2k}(t))W_{3kl}(t)v_3(t) \quad (k = 1, \cdots, N_3)$$

$$v_{1j}(t) = f_{1j}(t)(1 - f_{1j}(t))\sum_{k=1}^{N_3} W_{2jk}(t)v_{2k}(t) \quad (j = 1, \cdots, N_2)$$

被修正的权值为

$$\Delta W_{3kl}(t) = h_3 v_3(t) f_{2k}(t) + g_3 \Delta W_{3kl}(t-1)$$

$$W_{3kl}(t+1) = W_{3kl}(t) + \Delta W_{3kl}(t) \tag{7-4-9}$$

$$q_{3l}(t+1) = q_{3l}(t) + h_3 v_3(t) \tag{7-4-10}$$

$$\Delta W_{2jk}(t) = h_2 v_{2k}(t) f_{1j}(t) + g_2 \Delta W_{2jk}(t-1)$$

$$W_{2jk}(t+1) = W_{2jk}(t) + \Delta W_{2jk}(t) \tag{7-4-11}$$

$$q_{2k}(t+1) = q_{2k}(t) + h_2 v_{2k}(t) \tag{7-4-12}$$

$$\Delta W_{1ij}(t) = h_1 v_{1j}(t) x_i + g_1 \Delta W_{1ij}(t-1)$$

$$W_{1ij}(t+1) = W_{1ij}(t) + \Delta W_{1ij}(t) \tag{7-4-13}$$

$$q_{1j}(t+1) = q_{1j}(t) + h_1 v_{1j}(t) \tag{7-4-14}$$

式中:$h_i,g_i \in (0,1)(i=1,2,3)$分别为学习因子和动量因子。式(7-4-8)~式(7-4-14)为用于一个控制周期内 PMN 网络的一步学习算法。

(4)FC 校正参数 $a(t)$、$b(t)$ 的自适应修改。假设 PMN 网络参数是由离线学习或最后一步学习结果得到的已知变量,可得修改模糊控制器 FC 的校正参数 $a(t)$、$b(t)$ 的算法为

$$a(t+1)=a(t)+\Delta a(t) \tag{7-4-15}$$

$$b(t+1)=b(t)+\Delta b(t) \tag{7-4-16}$$

$$\Delta a(t)=-h_a \frac{\partial J_e}{\partial a(t)} \tag{7-4-17}$$

$$\Delta b(t)=-h_b \frac{\partial J_e}{\partial b(t)} \tag{7-4-18}$$

其中,学习因子 $h_a,h_b \in (0,1)$;且有

$$\frac{\partial J_e}{\partial a(t)} \approx [x_d-(y_m(t+1))+\varepsilon]\frac{\partial y_m(t+1)}{\partial a(t)}$$

$$=[x_d-y(t+1)]\frac{\partial y_m(t+1)}{\partial a(t)}\left(\frac{\partial \varepsilon}{\partial a}\text{略去不记}\right)$$

$$\tag{7-4-19}$$

$$\frac{\partial y_m(t+1)}{\partial a(t)}=\frac{\partial f_m}{\partial u(t)}\frac{\partial u(t)}{\partial a(t)} \tag{7-4-20}$$

$$\frac{\partial u(t)}{\partial a(t)}=ab(t)[E(t)-EC(t)] \tag{7-4-21}$$

$$\frac{\partial J_e}{\partial b(t)} \approx [x_d-(y_m(t+1))+\varepsilon]\frac{\partial y_m(t+1)}{\partial b(t)} \tag{7-4-22}$$

$$=[x_d-y(t+1)]\frac{\partial y_m(t+1)}{\partial b(t)}\left(\frac{\partial \varepsilon}{\partial b}\text{略去不记}\right)$$

$$\frac{\partial y_m(t+1)}{\partial b(t)}=\frac{\partial f_m}{\partial u(t)}\frac{\partial u(t)}{\partial b(t)} \tag{7-4-23}$$

$$\frac{\partial u(t)}{\partial b(t)}=\sigma[a(t)E(t)+(1-a(t))-EC(t)-ER(t)] \tag{7-4-24}$$

于是有

$$\frac{\partial f_m}{\partial u(t)}=\frac{\partial f_m}{\partial x_1}=\frac{\partial f_m}{\partial f_{2k}}\frac{\partial f_{2k}}{\partial f_{1j}}\frac{\partial f_{1j}}{\partial x_1}$$

$$=-\left\{f_m(1-f_m)\sum_{k=1}^{N_3}\left[W_{3kl}f_{2k}(1-f_{2k})\sum_{j=1}^{N_2}W_{2jk}f_{1j}(1-f_{1j})W_{1ij}\right]\right\}$$

$$\tag{7-4-25}$$

式中:f、ω 与 PMN 的状态和权值有关。式(7-4-15)~式(7-4-25)是在一个控制周期内校正 FC 参数 $a(t)$、$b(t)$ 的一步自修改算法,它本质上意味着

像操作人员实时操作一样来调整模糊控制规则。

7.4.3　弧焊过程自学习模糊神经控制系统

目前,已有研究人员开发出了一个用于弧焊过程的自学习模糊神经控制系统,下面我们对该系统进行简要的讨论分析。

1. 弧焊控制系统的结构

如图 7-11 所示,给出了脉冲 TIG(钨极惰性气体)弧焊控制系统的结构框图。本系统由一台 IBM-PC/AT386 个人计算机(用于实现自学习控制和图像处理算法)、一台摄像机(作为视觉传感器用于接收前焊槽图像)、一个图像接口、一台监视器和一台交直流脉冲弧焊电源组成,焊接电流由焊接电源接口调节,而焊接移动速度由单片计算机系统实现控制。

2. 焊接过程的建模与仿真

通过分析标准条件下脉冲 TIG 焊接工艺过程和测试数据,我们可以知道,影响焊缝变化的主要因素是在同定的技术标准参数(如板的厚度和接合空隙等)下的焊接电流和焊接移动速度。为了简化起见而又不失实用性,建立了一个用于控制脉冲 TIG 弧焊的焊槽动力学模型,该模型的输入和输出分别为焊接电流和焊槽顶缝宽度。采用输入、输出对的批测试数据和离线学习算法,一个具有节点 N_1、N_2、N_3 和 N_4 分别为 5、10、10 和 1 的神经网络模型实现映射

$$y_m(t+1) = f_m(u(t), u(t-1), u(t-2), y_m(t), y_m(t-1))$$

$$(7-4-26)$$

$y_m(t+1)$ 加上一个伪随机序列,如同图 7-9 所示的实际不确定过程的仿真模型一样,见式(7-4-2)。应用前面开发的自学习算法,对脉冲 TIG 弧焊的控制方案进行仿真,获得满意的结果。

3. 控制弧焊过程的试验结果

以图 7-11 所示的系统方案为基础,进行了脉冲 TIG 弧焊焊缝宽度控制的试验。试验是对厚度为 2mm 的低碳钢板进行的,采用哑铃试样模仿焊接过程中热辐射和传导的突然变化;钨电极的直径为 3mm;保护氩气的流速为 8ml/min;试验中采用恒定焊接电流为 180A;直流电弧电压为 12～30V。试验得出如下结论:

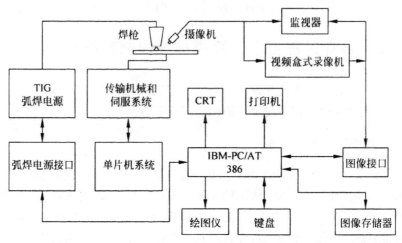

图 7-11　弧焊控制系统结构框图

（1）热传递情况改变时焊接试样的控制结果显示图 7-8 所示的自学习模糊神经控制方案适于控制脉冲 TIG 弧焊的焊接速度与焊槽的动态过程，控制结果表明对控制系统的调节效果与熟练焊工的操作作用或智能行为相似，对不确定过程的时延补偿效果获得明显改善。

（2）控制精度主要受完成控制算法和图像处理周期的影响，并可由硬度实现神经网络的并行处理和提高计算速度来改善。

7.5　进化模糊复合控制器

模糊逻辑是复杂系统建模和控制的一种经济、实用、鲁棒和智能的方案，不过，只有当存在优质的专家知识并能为控制工程师所用的情况下，这些显著的优良特性才能实现。在传统的模糊应用中，不存在获取这种优质专家知识的系统方法。往往不存在优质的专家知识，即使存在这种专家经验，专家也不大可能针对性地采用约束规则集合和隶属函数来表示他的知识，而这些经验也未必是最好的。在求解这类似是而非的问题时，可以采用神经网络、模糊聚类、专家系统、梯度方法和进化优化算法等策略来弥补模糊逻辑的不足。前文已经采用基于规则的专家系统技术与模糊逻辑互补，实现了专家模糊复合控制。接下来，我们采用进化算法策略实现复合模糊控制，以弥补单一模糊控制的短处。

7.5.1　进化模糊复合控制器及其设计步骤

根据通用逼近定理可知,如果存在一个满足已知系统性能标准的满意的非线性函数 g,那么也存在一个模糊函数 f。因此,可把模糊控制器的设计问题看成在所有可能的非线性搜索空间内的复杂优化问题,该搜索空间的类型和特性决定了实现设计过程自动化的最好的优化方法,这些特性包括大参数空间、非可微分目标函数(不确定性和噪声等)以及多形态和欺骗性等。

遗传算法特别适合这类优化,可自动实现上述设计过程。正如遗传算法能够很容易地对大量参数编码,经常维持与具有多个并行潜在解的某个群体的结合,因而能够避免局部优化,使计算效率更高。

一般地,遗传算法的设计步骤可分为如下 4 步:

(1)规定系统需要优化的自由参数。

(2)确定编码解释函数并阐明其含义。

(3)建立初始种群,开始优化过程。

(4)决定性能测评标准并综合这些标准以建立适应度函数。

7.5.2　进化模糊复合控制器的自由参数优化方法

模糊专家知识可分为两类,即领域知识和元知识。领域知识通常是有关具体系统的有意操作知识,如隶属函数和模糊规则集;元知识是完全定义一个模糊系统所需要的非有意知识,如执行模糊规则机理、蕴涵方法、规则聚合和模糊决策等。进化模糊系统中的多数现有方法力图仅仅优化领域知识的参数(如隶属函数和规则集),同时忽视元知识的作用,因此,存在 4 种基本优化方法如下:

(1)存在某个确定的已知规则集时隶属函数的自动优化。

(2)具有确定隶属函数的规则集的自动选择。

(3)分两步对隶属函数和规则集进行优化。

(4)同时优化模糊规则和隶属函数。

7.5.3　解释(编码)函数的设计

遗传算法设计的第(2)步是设计解释(编码)函数。下面将要探讨能够优化隶属函数和模糊专家系统规则的各种遗传算法。

1. 隶属函数的设计原则

模糊分割是通过定义模糊集合对变量论域$[u^-,u^+]$进行分割的过程。如图 7-12 所示,是一个含有 5 个模糊集合的模糊分割。可以分割含有任意需要的模糊集合数的模糊变量的论域。隶属函数可为系统遗传表示(染色体)的全部或部分,该遗传表示称为隶属函数染色体(MFC)。模糊分割中的每个模糊集合由其类型和形状定义如下:

(1)隶属函数的类型。三角形、梯形、高斯曲线等。

(2)隶属函数的形状。隶属函数的特征点和重要参数,如左底边、中心和底宽等。

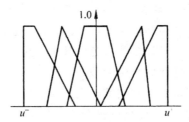

图 7-12　模糊集合对变量论域的模糊分割

因此,可把编码问题分为两部分:

(1)自由参数的选择。自由参数实际上是在较多的优化方案和较小的复杂空间之间进行折中,比较多的自由参数可能求得比较合适的最后解,但也会得出具有更多峰形的比较复杂的场景,也就更难求得该场景内的最佳参数。因此,遗传算法的设计者必须决定要选定哪个参数及调整哪个参数。例如,可假定只有固定底宽的三角形隶属函数,而且只要调整该隶属函数的中心。三角形隶属函数广泛地应用于进化模糊系统,因此,将着重对它进行讨论。

(2)选定参数的编码。存在几种对隶属函数参数进行编码的方法,其中,最常用的是二进制串编码。

2. 三角形隶属函数编码方法

三角形隶属函数的编码也有不同的方法,讨论如下:

(1)一般三角形隶属函数。本编码方法由 3 个参数决定:左底边、中心和右底边,如图 7-13(a)所示。所开发的相应二进制串 MFC 如图 7-13(b)所示,其中,每个参数由二进制串编码。

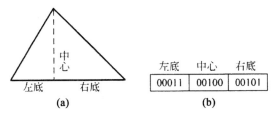

图 7-13　二进制编码的三角形隶属函数染色体

（2）左底边和右底边待调的对称三角形隶属函数。这是对称的三角形隶属函数，其编码方法仅需两个参数就足以决定隶属函数，即左底（起点）和右底（终点），如图 7-14 所示。

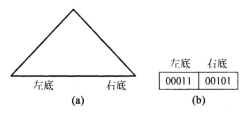

图 7-14　对称三角形隶属函数及其 MFC

（3）具有同定中心的对称三角形隶属函数。本编码方法有同定的中心，仅其底边需要调整。因此，对于每个隶属函数仅存在一个编码参数，如图 7-15 所示。

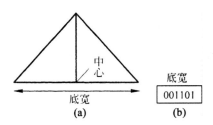

图 7-15　具有同定中心的对称三角形隶属函数的遗传表示

（4）具有同定底边的对称三角形隶属函数。对于这种情况，仅对三角形中心编码与调整，因而只有一个自由参数，如图 7-16 所示。

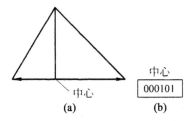

图 7-16　具有同定底边的对称三角形隶属函数的遗传表示

（5）中心和底宽待调的对称三角形隶属函数。对于这种情况,对三角形的中心和底宽进行编码与调整,求出两个自由参数,如图 7-17 所示。在这里,假定隶属函数为标准化的,即纵轴是固定的。

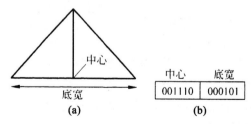

图 7-17　由中心和底宽进行的对称三角形隶属函数的遗传表示

3. 非三角形隶属函数编码方法

要使用其他类型的隶属函数,为了完全地规定隶属函数需要 MFC 中的另一参数。例如,对于可用的隶属函数类型,这种编码包括一个索引咨询。为简化问题,在此仅采用对称的隶属函数,因而每一隶属函数的编码包括 3 个参数,即函数类型、起点和终点,而且起点和终点间的点具有固定的斜率。如图 7-18 所示,给出了非三角形隶属函数编码的一个例子。

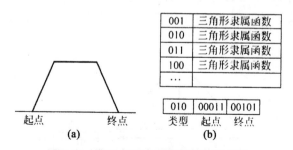

图 7-18　非三角形隶属函数的编码示例

4. MF 编码的一般方法

要对任何未知的隶属函数进行定义与编码,可采用下述方法,该方法中,某变量域内的所有隶属函数以矩阵形式共同编码。矩阵的每一列为一基因,且与 X 域内的某个实值 x 相关联;该基因为一 n 元的矢量,其中 n 为所分割的隶属函数数目;每一元是所有隶属函数在 x 的隶属值。实际上,认为该分割的点数是有限的,因此,本方法为隶属函数的一种离散表示。于是,设该域内存在 p 个点并有 n 个隶属函数,那么需要对 $p \times n$ 个参数进行编码,图 7-19 为该域的一种遗传表示,图中的(a)和(b)分别为该域的起点和终点。虽然本方法是很一般的并能实现域内的每一个隶属函数,但是被编码的参数数目可能很大,因而增大了搜索空间。

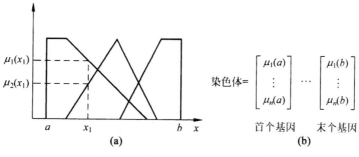

图 7-19　模糊分割的遗传表示

7.6　基于免疫克隆优化的模糊神经控制器

7.6.1　基本的免疫克隆算法

免疫克隆选择算法最先由 De Castro 于 2000 年提出。人工免疫应答机制实质上是抗体不断克隆分裂、复制、发展、成熟的过程。与抗原亲和力大的抗体受到克隆的机会就大,并通过不断变异、选择使得抗体不断成熟。同时,免疫系统的自我调节机制使群体的规模保持在一定的范围内。生物体主要的免疫细胞是 B 细胞和 T 细胞,抗原进入体内以后,被 B 细胞和 T 细胞识别并刺激 B 细胞和 T 细胞进行特异性应答。一方面 T 细胞复制并激活杀伤性 T 细胞,杀死被抗原感染的细胞;另一方面通过辅助性 T 细胞激活 B 细胞,并使 B 细胞迅速克隆扩增分化为浆细胞形成抗体。经过不断变异选择,最后发展成为亲和力更强的免疫记忆细胞。可以把抗体的成熟过程分为以下 4 个步骤:

(1)克隆裂变。抗体生成后迅速与抗原结合,受抗原和免疫细胞活化后,与抗原亲和力高的抗体迅速克隆扩增,亲和力低的抗体被选择克隆的机会相对就少,同时随着抗体的不断进化它们的基因开始发生小幅变化,生成未成熟的抗体子群。

(2)高频变异成熟。抗体的基因分量发生小幅高频变异,不断扩出新的子个体,局部区域的这些子群体中亲和力最大的个体保留下来成为成熟个体。

(3)选择操作。实质上,淋巴细胞除了扩增或分化成浆细胞外,一些适应度(亲和力)较强又有利于搜索潜在最优解的抗体被选择的机会就大。克隆选择操作实质上是基于抗体的评价值,因此在选择策略上,建立抗体的评价值函数是至关重要的。

(4)免疫反馈调节。免疫细胞受抗原刺激反应后,抗原提呈细胞将抗原的信息传递给辅助性 T 细胞,分泌 IL^+ 激活免疫反应,从而刺激 B 细胞产生更多的抗体;当抗体浓度达到一定的量后抑制性 T 细胞会分泌 IL^- 抑制 B 细胞克隆扩增。在这过程中,有些抗体由于亲和力低而死亡,被亲和力更高的抗体所取代。群体中亲和力较高的个体保留下来,并进入下一轮的进化演变,成为亲和力更强的个体。如此反复,直到搜索到满足亲和力要求的抗体,发展成为记忆细胞,从而促进免疫细胞杀灭抗原体。

7.6.2　改进的免疫克隆选择算法

改进的免疫克隆选择算法在克隆策略上采用克隆算子,减少一些常数的确定。同时通过分类把每一代亲和力较大的 N_c 个抗体用于更新记忆抗体群 M。还根据免疫系统分布式性质,对于每个抗体分别在其局部区域进行搜索。在选择策略上结合抗体正负反馈调节机制,把抗体在搜索空间的概率密度分布函数和适应度加权作为抗体的选择评价值。由此,抗体被选择进入下一代,不但取决于它在空间分布是否有利于搜索潜在的最优解,而且还取决于其适应度。具体改进的免疫克隆选择算法流程如图 7-20 所示。

改进的免疫克隆算法在克隆操作的基础上由于引入高频变异操作,同时在选择策略上引入熵作为估算个体对搜索潜在的最优解作用的评价值,并以此作为选择抗体进入下一代的依据,更能充分利用当前抗体群的信息进一步搜索更优解,使算法性能得到一定的改善。

7.6.3　基于免疫克隆算法优化的模糊神经控制器设计

基于模糊神经网络控制器的优化设计问题可以归结为一个高维空间的搜索问题,规则库、神经网络基函数参数、对应模糊神经网络的权值可以映射成为高维空间的一个点。应用模糊神经网络设计带有误差补偿的 FNN 控制器。对于具有 n 端输入的控制系统,首先将输入量进行分类,把用于重要参考的 k 个输入误差状态变量 $\bar{x}_1 = (x_1, x_2, \cdots, x_k)^T$ 作为模糊神经网络控制器的输入端,另外的 $n-k$ 个反应误差变化率的状态变量 $\bar{x}_2 = (x_{k+1}, x_{k+2}, \cdots, x_n)^T$ 直接通过线性反馈$(K_1, K_2, \cdots, K_{n-k})$与模糊神经网络的输出量相加,最后得到控制器的输出,如图 7-21 所示。

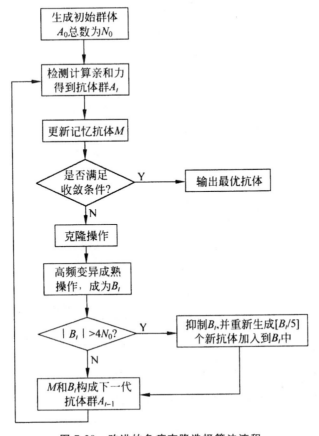

图 7-20　改进的免疫克隆选择算法流程

模糊神经网络实质上是带有乘积推理的模糊系统。对于状态变量 x 的 n_i 个模糊集合记为 $\overline{A}_{i1},\cdots,\overline{A}_{ij},\cdots,\overline{A}_{in_i}$，其高斯隶属函数记为

$$\mu_{ij}(x_i) = \mathrm{e}^{-\frac{(x_i-\overline{x}_{ij})^2}{\sigma_{ij}^2}}。\tag{7-7-1}$$

由此 k 个状态变量共组成了 $m = \prod\limits_{i=1}^{k} n_i$ 条模糊规则，第 l 条规则对应的乘积高斯算子为

$$z^l = \prod\limits_{i=1}^{k} \mathrm{e}^{-\left(\frac{x_i-\overline{x}_i^l}{\sigma_i^l}\right)^2} (1 \leqslant l \leqslant m)。\tag{7-7-2}$$

其中，$(\overline{x}_1^l,\sigma_1^l,\overline{x}_2^l,\sigma_2^l,\cdots,\overline{x}_k^l,\sigma_k^l)$ 是状态变量 $(x_1,x_2,\cdots,x_i,\cdots,x_k)$ 分别对应的高斯隶属函数参数 $(\overline{x}_{1m_1},\sigma_{1m_1},\overline{x}_{2m_2},\sigma_{2m_2},\cdots,\overline{x}_{km_k},\sigma_{km_k})$，其中 $1 \leqslant m_1 \leqslant n_1,\cdots$，$1 \leqslant m_k \leqslant n_k$，并由 $m_1,m_2,\cdots,m_k$ 分别在其取值范围内随机取一整数值而选择得到的一组值，共有 m 组序列，由此可以方便地用式(7-7-2)来表示高斯算子。由模糊神经网络的输出

$$f = \frac{\sum\limits_{l=1}^{m} \bar{y}^l \Big[\prod\limits_{i=1}^{k} e^{-\left(\frac{x_i - \bar{x}_i^l}{\sigma_i^l}\right)^2} \Big]}{\sum\limits_{l=1}^{m} \Big[\prod\limits_{i=1}^{k} e^{-\left(\frac{x_i - \bar{x}_i^l}{\sigma_i^l}\right)^2} \Big]} \tag{7-7-3}$$

加入线性反馈后，得到具有 n 输入端的控制器输出

$$u = \frac{\sum\limits_{l=1}^{m} \bar{y}^l z^l}{\sum\limits_{l=1}^{m} z^l + K_1 x_{k+1} + \cdots + K_{n-k} x_n}。 \tag{7-7-4}$$

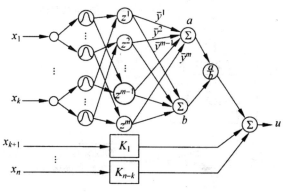

图 7-21 改进的非线性控制器

设控制器作为模糊神经网络输入端的状态变量为 $\bar{x}_1 = (x_1, x_2, \cdots, x_k)^T$，它的每个变量 x_i 对应的模糊集合数 n_i 是一定的；用改进的免疫算法优化这些参数时，抗原对应要优化的问题，B 细胞产生的抗体及其亲和力分别对应控制器参数的解空间及评价参数的指标函数。

7.6.4　仿真结果及结论

基于模糊神经网络所设计的非线性自适应控制器不需要量化输入状态变量，和传统的模糊控制器结构不完全相同，还要将误差变化率的状态变量线性反馈到输入端。应用改进克隆选择算法优化的模糊神经控制器对倒立摆系统的控制仿真系统原理如图 7-22 所示。

运用所改进的免疫克隆算法，在搜索非线性控制器最优参数时引入检测方法，减少不必要的指标函数计算，大大提高了搜索效率。这种改进算法基于模糊神经网络，结合误差线性反馈，将误差的变化率作为补偿输入到控制器的另外输入端，设计了一种新型的非线性控制器；通过对倒立摆控制系统的仿真表明，确定最优参数后，所设计的控制器具有很强的鲁棒性和非线

性适应能力;而且不需要量化输入的状态变量,调节参数较容易。

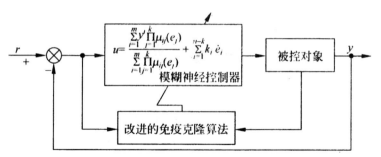

图 7-22　应用改进克隆选择算法优化参数的模糊神经控制器

参考文献

[1]北京四通智能建筑系统集成工程有限公司.四通智能 ECS 电气智能控制系统综述[J].智能建筑,2015(2):1672-1640.

[2]韩力群.智能控制理论及应用[M].北京:机械工业出版社,2016.

[3]段绪彭,李永振.异步切换多智能体系统的协同输出调节探讨[J].科技风,2018(15):1671-7341.

[4]蔡杰.基于二阶自组织模糊神经网络的 $PM_{2.5}$ 浓度预测研究[D].北京:北京工业大学,2017.

[5]何同祥,刘国祥.基于蚁群算法的 GPC 参数优化[J].仪器仪表用户,2017(2):1671-1041.

[6]蔡自兴.智能控制导论[M].2 版.北京:中国水利水电出版社,2014.

[7]李明伟,李永芳.蚂蚁算法在 TSP 问题求解的有效利用[J].信息记录材料,2018(4):1009-5624.

[8]蔡自兴.智能控制原理与应用[M].2 版.北京:清华大学出版社,2014.

[9]刘金琨.智能控制[M].4 版.北京:电子工业出版社,2017.

[10]曹礼群,陈志明,许志强.科学与工程计算的方法和应用——基于国家自然科学基金创新研究群体项目研究成果的综述[J].中国科学基金,2018(2):1000-8217.

[11]陈建平,房海蓉,胡准庆.城市交通的智能控制系统综述[J].北京汽车,2001(4):1002-4581.

[12]陈文雯,刘友宽,孙建平.基于群体智能的系统辨识[C].云南省科学技术协会会议论文集,2014,12.

[13]程武山.智能控制理论、方法与应用[M].北京:清华大学出版社,2009.

[14]丛爽.智能控制系统及其应用[M].合肥:中国科学技术大学出版社,2013.

[15]董海鹰.智能控制理论及应用[M].北京:中国铁道出版社,2016.

[16]樊艳艳.基于预测控制的长随机网络时延研究[D].北京:华北电力大学,2012.

[17]范春丽.基于模糊神经网络的智能优化 PID 控制器研究[D].北京:北京化工大学,2009.

[18]方元.300MW 供电供热机组负荷系统的控制策略研究与优化设计[D].北京:华北电力大学,2013.

[19]冯震震.直流锅炉主蒸汽温度控制系统研究[D].西安:西安建筑科技大学,2017.

[20]付举磊.基于 GIS 的城市消防辅助决策系统的设计与实现[D].长沙:国防科学技术大学,2010.

[21]龚跃,吴航,赵飞.基于非均匀变异算子的改进蚁群优化算法[J].计算机工程,2013(10):1000-3428.

[22]巩小磊.图像压缩算法的改进与 IP 核实现[D].上海:东华大学,2014.

[23]管才全,杨东升.人工免疫算法在空空导弹故障诊断中应用研究[J].设备管理与维修,2018(10):1001-0599.

[24]郭广颂.智能控制技术[M].北京:北京航空航天大学出版社,2014.

[25]韩璞等.智能控制理论及应用[M].北京:中国电力出版社,2013.

[26]郝承伟,高慧敏.求解 TSP 问题的一种改进的十进制 MIMIC 算法[J].计算机科学,2012(8):1002-137X.

[27]何熊熊,秦贞华,张端.基于边界层的不确定机器人自适应迭代学习控制[J].控制理论与应用,2012(8):1000-8152.

[28]洪乐,郭世永.基于三种理论的汽油机故障诊断系统应用研究[J].机械研究与应用,2014(6):1007-4414.

[29]黄浩.基于音圈电机的力/位控制及应用[D].武汉:华中科技大学,2008.

[30]黄鑫.基于递阶智能控制的绵广高速公路监控系统应用研究[D].成都:电子科技大学,2007.

[31]姜滨,孙丽萍,曹军,季仲致.木材干燥过程的 Elman 神经网络模型研究[J].安徽农业科学,2014(2):0517-6611.

[32]姜允志.若干仿生算法的理论及其在函数优化和图像多阈值分割中的应用[D].广州:华南理工大学,2012.

[33]康琦,安静,汪镭,吴启迪.自然计算的研究综述[J].电子学报,2012(3):0372-2112.

[34]可翔宇.恒温恒湿中央空调建模与优化方法研究[D].沈阳:沈阳工业大学,2014.

[35]寇光杰,马云艳,岳峻,邹海林.仿生自然计算研究综述[J].计算机

科学,2014(S1):1002-137X.

[36]雷松林.基于 BP 网络和遗传算法的岩爆预测研究[D].上海:同济大学,2008.

[37]李彬,刘莉莉.基于 MapReduce 的 Web 日志挖掘[J].计算机工程与应用,2012(22):1002-8331.

[38]李国勇.智能预测控制及其 MATLAB 实现[M].2 版.北京:电子工业出版社,2010.

[39]李少远,王景成.智能控制[M].北京:机械工业出版社,2009.

[40]李士勇,李研.智能控制[M].北京:清华大学出版社,2016.

[41]李伟华.智能集中控制系统在监管大厅的应用[J].西部广播电视,2014(23):1006-5628.

[42]李卓,丁宵月.锻造生产线生产过程的数字化概述[J].锻压技术,2018(1):1000-3940.

[43]梁晓龙,孙强,尹忠海,王亚利,刘苹妮.大规模无人系统集群智能控制方法综述[J].计算机应用研究,2015(1):1001-3695.

[44]廖富魁.学习控制在舵机负载模拟器电气加载及测试系统中的应用[J].黑龙江科技信息,2010(8):1673-1328.

[45]刘保相,阎红灿,张春英.关联规则与智能控制[M].北京:清华大学出版社,2015.

[46]刘国建,屈怀娟.浅谈县供电企业如何加强线损科技管理工作[J].农村电工,2011(12):1006-8910.

[47]刘兰兰,张勤河,李传宇,马汝颐.基于神经网络和遗传算法的 H 型钢粗轧工艺优化[J].锻压技术,2011(1):1000-3940.

[48]刘兰兰.基于神经网络和遗传算法的 H 型钢粗轧工艺参数优化研究[D].济南:山东大学,2011.

[49]刘胜重.大跨度混凝土斜拉桥施工过程的主梁标高预测和参数识别[D].广州:华南理工大学,2017.

[50]刘涛,黄梓瑜.智能控制系统综述[J].信息通信,2014(8):1673-1131.

[51]刘向军,马爽,许刚.基元接线模型构建的配电网典型接线方式[J].电网技术,2012(2):1000-3673.

[52]刘英.智能化数据质量监控实践及认识[J].中国信息界,2012(6):1671-3370.

[53]刘智城.基于蚁群算法的无刷直流电机矢量控制系统研究[D].广州:华南理工大学,2017.

[54]卢苗苗,张兴裕.基于最优线性组合方法的甲型病毒性肝炎发病数

预测[J].中国医院统计,2015(5):1006-5253.

[55]罗兵,甘俊英,张建民.智能控制技术[M].北京:清华大学出版社,2011.

[56]罗荣海.机器人自动导引、跟踪控制研究[D].南京:南京航空航天大学,2002.

[57]马磊.粒子群算法在1000MW火电机组模型辨识中的应用[D].北京:华北电力大学,2013.

[58]马星河,闫炳耀,王永胜.煤矿高压电网单相接地漏电故障选线方法研究[J].工矿自动化,2012(10):1671-251X.

[59]裴晓利.无人机飞行实验数据综合分析软件的设计与开发[D].成都:电子科技大学,2016.

[60]曲宏锋.基于MapReduce并行框架的神经网络改进研究与应用[D].南宁:广西师范学院,2017.

[61]尚建辉.不同噪声下进化算法的演化分析[D].上海:上海交通大学,2012.

[62]邵建涛.采煤系统安全技术理论分析[J].黑龙江科技信息,2012(11):1673-1328.

[63]邵章义.基于模型参数辨识的欺骗干扰识别[D].杭州:杭州电子科技大学,2016.

[64]申沐奇,祁顺然.基于体感交互技术的物联网智能家居系统[J].现代信息科技,2017(4):2096-4706.

[65]盛昀瑶,陈爱民.基于MapReduce的Web日志挖掘算法研究[J].现代计算机(专业版),2017(16):1007-1423.

[66]师黎.智能控制理论及应用[M].北京:清华大学出版社,2009.

[67]孙必慎,石武祯,姜峰.计算视觉核心问题:自然图像先验建模研究综述[J].智能系统学报,2018(6):1673-4785.

[68]孙增圻.智能控制理论与技术[M].2版.北京:清华大学出版社,2011.

[69]汤伟,冯晓会,孙振宇,袁志敏,宋梦.基于蚁群算法的PID参数优化[J].陕西科技大学学报(自然科学版),2017(2):1000-5811.

[70]田玮,朱廷劭.基于深度学习的微博用户自杀风险预测[J].中国科学院大学学报,2018(1):2095-6134.

[71]田志强.基于模糊遗传PID的育果袋机纸带张力控制研究[D].保定:河北农业大学,2014.

[72]王长涛,黄宽,李楠楠.基于人工智能的CPS系统架构研究[J].科

技广场,2012(7):1671-4792.

[73]王克奇,杜尚丰,白雪冰.智能控制及其在林业上的应用[M].北京:中国林业出版社,2009.

[74]王明.基于自适应模糊神经网络模型的边坡形变预测应用研究[D].西安:长安大学,2014.

[75]王泰华,贾玉婷.不确定机器人自适应鲁棒迭代学习控制研究[J].软件导刊,2018(3):1672-7800.

[76]王泰华,贾玉婷.不确定机器人自适应鲁棒迭代学习控制研究[J].软件导刊,2018(3):1672-7800.

[77]王晓侃.基于最小二乘模型的 Bayes 参数辨识方法[J].新技术新工艺,2012(6):1003-5311.

[78]王筱萍,高慧敏,曾建潮.改进分布估计算法在热轧生产调度中的应用[J].系统仿真学报,2012(10):1004-731X.

[79]王欣,龚宗洋.驾驶机器人控制系统设计与实现[J].信息技术,2012(1):1009-2552.

[80]王煊,田苗.基于单片机的新型智能电力调功器的研究与实现[J].现代电子技术,2013(5):1004-373X.

[81]王耀南等.智能控制理论及应用[M].北京:机械工业出版社,2008.

[82]王跃灵,沈书坤,王洪斌.不确定机器人的自适应神经网络迭代学习控制[J].武汉理工大学学报,2009(24):1671-4431.

[83]韦巍.智能控制技术[M].2 版.北京:机械工业出版社,2015.

[84]吴华春.控制工程基础[M].武汉:华中科技大学出版社,2017.

[85]吴苗苗,张皓,严怀成,陈世明.异步切换多智能体系统的协同输出调节[J].自动化学报,2017(5):0254-4156.

[86]武创举.基于神经网络的遥感图像分类研究[D].昆明:昆明理工大学,2015.

[87]肖人彬,程贤福,廖小平.基于模糊信息公理的设计方案评价方法及应用[J].计算机集成制造系统,2007(12):1006-5911.

[88]肖耘亚.轿车轮毂轴承单元摆碾铆合装配新工艺及设备的研究[D].长沙:湖南大学,2017.

[89]辛斌,陈杰,彭志红.智能优化控制:概述与展望[J].自动化学报,2013(11):0254-4156.

[90]熊辉.人工智能发展到哪个阶段了[J].人民论坛,2018(2):1004-3381.

[91]修春波等.智能控制技术[M].北京:中国水利水电出版社,2013.

［92］徐本连,施健,蒋冬梅,等.智能控制及其 LabVIEW 应用［M］.西安:西安电子科技大学出版社,2017.

［93］徐蕾.模糊 PID 在 CNC 粉末液压机控制系统的应用研究［D］.合肥:合肥工业大学,2013.

［94］姚朝飞.综述智能控制型集中式空调系统联合调试及典型故障处理［J］.中国高新科技,2018(6):2096-4137.

［95］张杰,王飞跃.最优控制:数学理论与智能方法［M］.北京:清华大学出版社,2017.

［96］张凯波,李斌.合作型协同演化算法研究进展［J］.计算机工程与科学,2014(4):1007-130X.

［97］张嵩.基于神经内分泌反馈机制的模糊 PID 串级主汽温控制系统研究［D］.北京:华北电力大学,2012.

［98］张伟.基于专家系统的故障诊断在汽车发动机上的应用［D］.太原:太原理工大学,2011.

［99］赵明旺,王杰.智能控制［M］.武汉:华中科技大学出版社,2010.

［100］赵庆磊.空间相机主控系统的控制策略研究［D］.长春:中国科学院研究生院长春光学精密机械与物理研究所,2016.

［101］赵盛萍.中高速水电机组调节系统非线性模型建模及仿真［D］.北京:华北电力大学,2013.

［102］郑毅.移动机器人仿人智能控制的研究［D］.沈阳:东北大学,2009.

［103］钟丽.大尺寸测量中温度测量与控制关键技术研究［D］.哈尔滨:哈尔滨工业大学,2006.

［104］周峰.大数据及人工智能赋能专业服务——SWAAP 系统架构和应用介绍［J］.中国注册会计师,2017(12):1009-6345.

［105］周香.大规模无人系统集群智能控制方法综述［J］.信息系统工程,2015(2):1001-2362.

［106］訾斌.超大型天线馈源指向跟踪系统的力学分析及控制研究［D］.西安:西安电子科技大学,2007.

［107］邹良超,王世梅.古树包滑坡滑带土蠕变经验模型［J］.工程地质学报,2011(1):1004-9665.